改变世界的中国植物

郭晔旻 著

浙江大学出版社
·杭州·

它们不仅滋养了中华儿女的身心，更通过古老的丝绸之路等传播渠道，走向了世界的每一个角落。

序言

在地球上，植物以其独特的生命力，为这个世界带来了无尽的生机与活力。自古以来，中国便是植物资源的宝库。中国植物不仅滋养了中华儿女的身心，更通过古老的丝绸之路等传播渠道，走向了世界的每一个角落，对人类文明的演进产生了深远的影响。

譬如，水稻作为中国的原生作物，自古以来便是东方文明的基石。它在中华的大地上生长繁衍，逐渐衍生出独特的农耕文化。水稻的种植技术传播到世界各地，不仅解决了众多地区的粮食问题，更推动了人类社会的农业革命。如今，水稻仍然是全球最重要的粮食作物之一，养育着数以十亿计的人口，为世界的粮食安全作出了巨大贡献。

再有，起源于中国的茶叶，从最初的药用，到后来的饮品，再到茶文化的形成，茶叶在中国历史中扮演着举足轻重的角色。当茶叶走出国门，它不仅仅是一种饮品，更成为一种文化的载体。它促进了东西方之间的贸易往来，增进了不同文化之间的交流与理解。同时，茶叶的种植与加工也带动了相关产业的发展，为世界的经济繁荣作出了贡献。

此外，诸多起源于中国的水果，也以其独特的口感和营养价值，丰富了全球的饮食文化。猕猴桃（奇异果）即原产于中国长江流域，其以酸甜可口的果肉和丰富的维生素C含量，深受人们喜爱。如今，猕猴桃已经成为全球市场上的热门水果，为果农带来了丰厚的经济收益。

而在医药领域，起源于中国的中草药——人参，以其独特的药用价值，为全世界人民的健康事业作出了贡献。通过现代科学研究和发掘，中草药的药用价值得到了更广泛的认可和应用。如今，中草药已经成为了全球医药市场上的重要组成部分。

这些植物不仅是中华民族的骄傲，更是全人类共同的财富。它们从中国的土地走向世界，带着中华民族的智慧和精神，成为连接东西方文化的桥梁。希望这本书能够带领读者走进这些植物的世界，深入了解它们的起源、传播与贡献，感受它们所蕴含的深厚历史文化内涵和魅力。

目录

第四章　兴业致富

白桑：成就『丝绸之路』／204

蔗糖传四方：甘蔗与人类的生活／232

苎麻：神奇的『中国草』／255

第五章　本草愈民

疟疾的克星：黄花蒿与青蒿素／272

人参：源自中国的『百草之王』／288

第六章　装点风雅

花栽于园而飘香墙外：从中国走向世界的杜鹃花／306

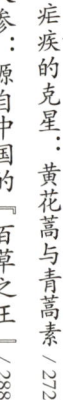

菊花：『花中君子』的世界之旅／329

参考文献　／341

第一章 活人济世

民以食为天：养活半个世界的水稻 /002

大麦：创造糌粑与美酒 /038

第二章 佐味调和

茶叶：纯正『中国血统』的世界级饮料 /062

大豆：地球上种植最广泛的豆子 /104

第三章 珍奇鲜果

庞大的柑橘家族：世界上产量最大的水果 /140

猕猴桃：土生土长的『奇异果』 /163

桃：源自中国的『波斯果』 /181

第一章

活人济世

民以食为天：养活半个世界的水稻

"民以食为天"，人类驯化植物的一大目的，就是食以充饥。在这些用来"吃"的植物当中，水稻又占据着极为重要的地位。如今，亚洲、非洲与美洲的稻田，养活了全球一半以上的人口。

水稻缘起

顾名思义，水稻是一种喜水的作物，种植水稻需要大量的水。由于这个原因，近代以前的稻作区主要集中在亚洲的季风区。季风是指风向随季节有规律改变的风。从南亚的印度到东南亚，从中国东部到日本，都受到季风的影响而降水较多。夏季亚欧大陆低压槽连成一片，海洋上副热带高气压西伸北进，从北太平洋副热带高气压散发出来的东南季风带来丰沛的降水。此时亚洲各地处于雨季，特别是中国的长江中下游流域会进入梅雨季节，由此形成的高温多雨的夏季气候非常适宜水稻的种植。而在不同的气候、土壤、季节和栽培方式的影响过程中，栽培水稻的光温反应、需水习性、胚乳淀粉的特性等发生了分化，逐渐形成两个亚种，也就是籼稻与粳稻。籼米通常呈中长粒型，黏性小，胀性大；籼稻比较不耐寒，比较早熟，米质较差。粳米为短圆粒型，黏性较强，胀性小；粳稻较耐寒，米质较佳。

稻米的营养价值很高，除了碳水化合物，也含有较多的优质蛋白质和丰富的矿物质、维生素。稻米中的各种营养物质达到了完美的均衡状态。究竟是哪里的先民最先想到培育水稻的呢？栽培稻起源于中国还是印度或者东南亚诸国的争论已经持续了一个多世纪。在20世纪初期，国外研究稻种起源的学者大多认为水稻起源于印度。1928年，日本农学家加藤茂苞把籼稻命名为印度型（Indica），把粳稻命名为日本型（Japonica），在国际上进一步加深了这一印象。然而20世纪后期以来，中国发现大量新石器时代的稻作遗址（存）。譬如1973年，在浙江省余姚县（今属浙江省余姚市）河姆渡村新石器时代遗址第四文化层中，发现在400平方米范围里有大量的稻谷、谷壳、茎秆和稻叶,厚度从一二十厘米到三四十厘米,最厚处达七八十厘米。稻谷已经炭化,谷壳和稻叶仍保持原形。经鉴定,其被认为是距今 6700 年的稻谷遗存,也是当时世界上发现的最古老的稻谷。

河姆渡村新石器时代遗址发现的水稻,已完全炭化,包括 5 颗稻谷,粒形饱满,还有 3～4 片叶的遗存。
浙江省博物馆

这次重大发现使中国稻作历史较印度提前了 2000 年左右，不能不引起各国学者的重视。虽然之后印度也发现了距今 6500 年和距今 7000～8000 年的稻谷遗存，但在时间上，仍然逊色于中国的考古发现。1993 年以来，在江西万年大源盆地的仙人洞与吊桶环遗址土样标本中检测到人工栽培稻谷的植硅石和孢粉，发现了近 12000 年以前的稻作遗存。经研究，该遗存表现出野生稻向栽培稻演化的特征，邻近的东乡野生稻即为其祖型。2004 年 11 月，考古学家又在长江中游的湖南道县玉蟾岩遗址找到了距今 12000 年的栽培稻粒。这是目前世界上发现最早的人工栽培稻标本，尚保留野生稻、籼稻及粳稻的综合特征。这些考古发现有力地说明，中国长江中下游地区就是水稻的栽培起源地。而且水稻起源于中国还有一个很重要的证据，即现今中国从东南的福建、台湾到西南的云南，北到江西、南到海南，都有普通野生稻的分布。中国广泛分布的这种普通野生稻和中国栽培的普通栽培稻的亲缘关系很近，同具 24 条染色体，可杂交和产生可育后代。

到了 2011 年，中国起源说也得到了现代生物信息学研究的证实。纽约大学等机构组成的研究小组在《美国科学院院刊》（PNAS）上发表了论文《驯化水稻单一进化起源的分子证据》（"Molecular evidence for a single evolutionary origin of domesticated rice"）。文章揭示，该研究利用大规模基因组重测序技术对数千年来水稻进化历史进行了生物信息学追踪，结果表明，大约8200年到13500年前长江流域就出现了最早的栽培稻。

这又引发了另一个问题。就种植水稻而言，平原水田自然是理想的地形。平坦的地形为农业创造了理想的土地条件，使得耕种和管理变得更加便利和高效。不过，随着时间推移，人口的繁衍导致有限的平地不敷使用，迫使人们必须将耕地的范围拓展至其他地形。恰如元代农学家王祯（1271—1368年）在《农书》里所言："盖田尽而地，地尽而山，山乡细民必求垦佃，犹胜不稼，其人力所致，雨露所养，不无少获。"大意是，田地有限，平地耕作达到极限，而山地较多，需要满足更多农民的需求，不得不拓展垦殖面积。

长江流域多丘陵地形，生活在山区的古人为了谋生，自然因地制宜向山要田。《诗经·正月》有"瞻彼阪田，有菀其特"的诗句；楚国的宋玉在《高唐赋》中也有"长风至而波起兮，若丽山之孤亩"的诗句。这里的"阪田""孤亩",指的就是山坡上的农田。再进一步,人们又将山坡耕地改造为梯田。"梯田"这个称谓,其实最早出现在南宋名臣范成大(1126—1193年)的《骖鸾录》里。书中提到:"泊袁州(今江西宜春),闻仰山……岭阪之上皆禾田,层层而上至顶,名梯田。"既然层层梯田"下自横麓,上至危巅",缘阪坡环绕,呈鳞次栉比景象,自然说明当时袁州山区的梯田已经相当发达了。而梯田的起源肯定要早得多。譬如重庆市彭水县东汉墓中出土了一种陶田,丘与丘相接如鱼鳞,高低错落呈阶梯状,就已颇似今日的梯田。这就足以证明梯田的历史渊源深远。

梯田的修筑帮助解决了人口增长与粮食短缺的矛盾,开创了山区稻作农业的先例。与此同时,梯田自身也形成了一个独特的景观。从山麓发展到山顶的梯田缘山环绕,状若螺旋。南宋人杨万里诗云:"翠带千镮束翠峦,青梯万级搭青天。长淮见说田生棘,此地都将岭作田。"这样一幅绚丽图景今天仍旧可以看到。在湖南省中部新化县(属娄底市)西部水车镇锡溪管区奉家山一带的山梁沟壑之中,就有数万亩蜿蜒曲折的紫鹊界梯田(属"全球重要农业文化遗产")依山就势而造,随山势起伏盘旋直上云霄，令人叹为观止。

紫鹊界梯田位于湖南省新化县水车镇，属于雪峰山中部的奉家山系，以紫鹊界梯田为中心，共有梯田 8 万亩，其中集中连片的梯田就达 2 万亩以上。

粒食文化

人们种植水稻，自然是为了收获并利用稻米。《诗经·丰年》里提到"丰年多黍多稌"，"多稌"二字即是说收获了很多稻谷。这首诗接下来还说，稻谷如何堆满仓，如何用稻米造酒，如何用稻米酒供奉列祖列宗。祖宗吃了稻米酒，如何降下福气，如何庇护百姓享受这丰收的乐道。

不过，要将稻米从原粮加工成为可以食用的口粮，还需要诸多工序。稻谷加工成今天所说的大米，有两道工序，先是去其壳成糙米，再是去糙米的膜（碾米）制成精米。因为糙米虽然可以食用，但粗糙、不适口。今天的营养学家鼓励民众尽可能地食用一些糙米，主要是担心"食不厌精"所带来的营养失衡问题（比如缺乏维生素造成的"脚气病"），并不是说如今的糙米口感就变好了。

先秦时代，人们使用石磨盘与石磨棒等简单的工具给谷物脱壳。其工作方式是一人手持石棒两端，在石磨盘（亦称石磨板或石磨石）上前后水平推拉或滚动碾压。不过这两种工具的碾压面比较狭窄和平滑，谷粒很容易滑落，因此后来又出现了杵、臼、碓、硙等工具。杵与臼通常也是配合使用，一人持杵在臼中上下捣动，这一动作就称为"舂"。

杵与臼相配合，既可脱壳，又可舂粉、磨粉。《周礼·天官》里记载了"笾人"的职责，其中就包括"糗饵、粉餈"。孙诒让《周礼正义》内则注云："糗，捣熬谷也。……谓熬米麦使熟，又捣之以为粉也。"可见"糗"是一种由稻米加工而成的干粮，炒熟后捣成粉，一如现代的"炒米粉"。

不过在先秦时期，更普通的食用方式还是"粒食"。《诗经·大雅·生民》里有句话，叫作"释之叟叟，烝之浮浮"，意思就是人们在丰收后加工稻米，随后把米洗净做成饭。古代蒸米饭的炊具称为"甑"。其使用方法是把米放在箅子上，再将箅子放在甑底上以防漏米，类似于今天所用的蒸笼。周人蒸饭是把米从米汤中捞出，用箪子放在甑中蒸。《诗经·大雅·泂酌》记载："挹彼注兹，可以餴饎。"后人解释"餴"的意思为："蒸米一熟，而以水沃之，乃再蒸也。"这段话翻译过来，就是先把米下水煮，等到半熟时再捞出来放进甑中蒸熟。用这种办法把米蒸成饭后，米粒会膨胀松软。

话又说回来，不论石磨盘与石磨棒，抑或杵与臼，这样的工具毕竟简陋。《尚书·周书·无逸》中说："（周）文王卑服，即康功田功。"所谓"康功"，后世注者认为就是去除谷糠的工作。文王是周的统治者，尚且需要亲自"康功"，可见当时稻米加工费时费力，恐怕难以提供大量净米以满足人们食用的需要，只有周王室及诸侯贵族才有权蒸食去过壳的净米。在西周的青铜食器中，有一种专盛稻粱的簠。《周金文存》中记载的"曾伯簠簠"上，其铭文就写有"用盛稻粱"。另外，《攗古录金文》中记载的"叔家父簠"，它的铭文上也写有"用成（盛）稻粱"。"簠"的出现也表明，稻米已成为西周贵族宴席上的珍馔。

如今形容珍馐美味的"八珍"一词最早出现在《周礼·天官》中。所谓"珍用八物""八珍之齐"，当时它是周天子的专用品。根据《礼记·内则》的记载，其中就有一道名曰"淳熬"。这道菜的做法是"煎醢加于陆稻上，沃之以膏"，即将煎熟的肉酱与油脂一起浇沃在米饭之上。听上去，是不是有点像今天的盖浇饭？

而从春秋战国时期的古籍记载中，也可以看出当时的稻米是种珍贵的食品。《左传》中记载，鲁僖公三十年（前630年），周襄王派遣周公阅来鲁国聘问。鲁国款待他"昌歜、白黑、形盐"，周公阅受宠若惊，认为自己配不上"荐五味，羞嘉谷，盐虎形，以献其功"。西晋的杜预为《春秋左传》作注时说，"白，熬稻；黑，熬黍"，"嘉谷，熬稻黍也"，可见古人将稻米视为一种"嘉谷"。而在《论语·阳货》里，孔子也曾用"食夫稻，衣夫锦，于女安乎"来批评他的弟子宰我（子我）不守孝道及生活奢侈讲究。孔子将食稻与衣锦相提并论，自然表示这二者在当时的中原地区都是"高消费"。

这就与长江流域及其以南的广大地区的情形形成了鲜明对照。在先秦时代的华北居民以黍、稷为主食，而将稻米列为珍品的时候，稻米作为南方主要农作物的地位已不可撼动了。《周礼·职方氏》记载，"正南曰荆州"，"东南曰扬州"，"其谷宜稻"，即反映了当时有别于北方地区的水稻生产状况。而今天广东省会广州别称"羊城"，这一名称的来历传说也与稻米有关。晋代裴渊在《广州记》里记载："南海高固为楚威王相时，有五羊衔谷之祥。"根据这一记载，楚威王（前339—前329年在位）时，岭南人高固担任楚国的令尹（丞相），有五仙人骑着五只羊，羊嘴衔着稻谷来到今天的广州，祈求这个地方丰足太平，所以广州便有了"五羊城""羊城""穗城"的美称。至今广州市惠福西路尚存"五仙观"这一历史名胜。另外，明末清初时的岭南才子屈大均在《广东新语》里也记载了类似的传说，但认为这是周夷王年间（前885—前878年）的事，比《广州记》里的说法又提前了好几百年。这个美丽的传说透露了一个重要的历史信息，就是古代的岭南人高度重视稻作农业，以此渴求获得良种水稻。

广州越秀公园五羊石雕，羊嘴里衔着稻谷。

可以说，正是水稻种植在南方的主体地位决定了中国南方人民自古以来的饮食传统：以米食为主。对此，司马迁在《史记》里有一个精准的概括："楚越之地，地广人稀，饭稻羹鱼。"顾名思义，"饭稻羹鱼"就是以稻米为饭，以鱼类为菜。当然，这与南方既广泛种植水稻又有丰富的淡水鱼资源的实际情况是相符的。不仅如此，种稻与养鱼，甚至是可以两者兼得的。

中华米食

随着时间的推移，中国古代水稻的种植愈加兴旺。自从孙吴定都建业（今南京）以来，吴、越旧地（今太湖流域及浙东一带）就成为六朝政权的经济基本盘。用"书圣"王羲之的话说，就是"以区区吴、越，经纬天下十分之九"。《晋书·食货志》载"东南以水田为业"，说明这一带是传统的稻作区。现在的浙江嘉兴地名的来历就与水稻有关。东吴黄龙三年（231年），吴郡的由拳县野稻自生，孙权认为是祥瑞之兆，遂改由拳县为禾兴县，并于次年改年号为嘉禾。赤乌五年（242年），孙权立子和为太子，和、禾同音，为避讳计，又将禾兴县改为嘉兴县，"嘉兴"之名由此而始。

六朝时期，江东修凿了众多的水利工程，为水稻种植、确保稳产提供了优良的水土条件。以吴兴郡（今浙江湖州一带）为例。乌程县荻塘溉田千余顷；长城县西湖，溉田三千顷；余杭县南湖，灌田千余顷。仅此三项水利工程，总灌溉面积就相当于今天的35万余亩。于是，吴兴郡"地沃民阜，一岁称稔，则穰被京城"，成为"三吴（指吴、吴兴、会稽）奥区"之一。距离此地不远的浙东地区也是如此。刘宋元嘉年间（424—453年），谢风担任鄞县（今宁波市鄞州区）县令时，于奉化东2里建成了方胜碶，每年"溉田五千余顷"。另外生长于浙江上虞（今属绍兴市）的谢灵运（385—433年）在《山居赋》中说："蔚蔚丰秋，苾苾香秔（粳）。送夏蚤秀，迎秋晚成。"意思是茂盛的高粱、粳稻早早地抽穗开花，到了秋天就成熟了。这也是当地种植水稻的一个旁证。

地处中游的荆州是除江东（扬州）之外的另一个长江流域重要经济区。荆州河湖纵横、气候温暖的自然条件本就适宜水稻的生产，在六朝时期，荆州地区的稻作农业进一步发展起来。东晋初年的名将陶侃（259—334年）担任荆州刺史时，"尝出游，见人持一把未熟稻"，后来得知此人是"行道所见，聊取之耳"，陶侃大怒，"汝既不田，而戏贼人稻！"愤而将他打了一顿。虽然司马光在《资治通鉴》里记载这则故事的本意是赞赏"陶侃惜谷"，但也在不经意间表明荆州种植水稻的普遍——毕竟在陶侃治下,"百姓勤于农植,家给人足"。

当时荆州的水稻产量是相当可观的。西晋末年,华北迭经战乱,京城洛阳空乏。于是周馥(？—311年)建议以"荆、湘、江、扬各先运四年米租十五万斛,布绢各十四万匹,以供大驾",可见西晋时荆州的稻米产量已相当可观,入得了朝廷的法眼。到了梁末侯景之乱,梁武帝被围台城,荆州刺史萧绎(后来的梁元帝)"遣王琳送米二十万石以馈军,至姑孰闻台城陷,乃沉米于江而退"。"沉米于江而退"自然是因为从荆州顺流而下易,从长江下游逆流而上难。但一下子就舍得丢弃"二十万石米",也可见萧绎在粮食方面的阔绰。当时,甚至在鄂西北的山谷之中,诸"蛮"也在从事稻作生产。南朝沈庆之伐蛮,大破诸山,竟也"获米粟九万余斛"。

南方稻作兴盛如斯,北方又是何情形呢？邺城(在今河北省邯郸市临漳县)是魏晋南北朝时期华北的一个政治中心。左思在《魏都赋》中对邺城周围的农业进行了生动描述："甘荼伊蠢,芒种斯阜。西门溉其前,史起灌其后。澄流十二,同源异口。畜为屯云,泄为行雨。水澍粳稌,陆莳稷黍。"唐李善注称："郑司农曰:芒种,稻麦也。"说明其中的"芒种"是指稻、麦两种作物。而粳稌则是水稻的泛指,可见曹魏时期,邺城周围地区水稻的种植是很普遍的。

随着水稻种植面积的不断扩大,稻米产量的迅速增加,普通劳动者也可以更多地享受稻米饭了。更有甚者,在南北朝晚期的战事中,正是稻米饭延长了南朝政权的国祚。侯景之乱(548—552年)对南朝政权是一个致命性的打击,经过这位"宇宙大将军"的折腾,谁都看得出来,"江表王气"将"尽于三百年"。北朝趁机南下略地,西魏(北周)取得蜀地,北齐且尽取淮南,直逼长江。556年3月,北齐败盟,以号称10万大军渡江占领芜湖(今属安徽),进逼南梁京城建康(今南京)。5月底6月初,齐军从建康西南方面进军,逐渐到达城南、城东南,折而向北,到达城东北、城北,形成包围之势。建康对外联络已被切断,"时四方壅隔,粮运不至,建康户口流散,征求无所",处境岌岌可危。在这种情况下,守卫建康的陈霸先(后来的陈武帝)准备出兵决战。他下令将好不容易征调到的一部分麦屑胡乱煮熟分发各营。军士饥饿,原来粗糙得吃不下去的麦屑竟也被狼吞虎咽争食而尽,军士却仍嫌不足。紧要关头,侄子陈蒨(后来的陈文帝)及时送来三千斛米、一千只鸭。这真是从天而降的喜事。陈霸先立即命令烧起米饭,杀鸭烹调,全军每人分到一包用荷叶裹的饭,中间夹几块鸭肉,在拂晓前饱餐了一顿。6月12日,两军决战,陈霸先大破齐军,将其逐出江南,建康终于转危为安。在这场血战中,"鸭块荷叶饭"对陈霸先取得大胜起了极大作用。地位巩固之后,他在第二年(557年)称帝,建立了南朝最后一个政权——陈朝(557—589年)。经过魏晋南北朝的乱世之后,稻米已然成为国计民生不可或缺的主粮了。这种情况发展到明代,就是宋应星在《天工开物》中所说的"今天下育民人者,稻居什七"。也就是说,中国绝大部分人口是由稻米来养活的,可见水稻对中华文明发展的巨大贡献。

东方主粮

无独有偶,类似的情况也发生在东亚地区的中国周边国家。1920年,在朝鲜半岛,学者们第一次发现了稻作遗址,其为庆南金海会岘里贝冢。随后又发现了许多大大小小的稻作遗址。它们除了分布于大同江流域之外,其他大都集中分布在汉江流域、连接于锦江的西海岸地区,即朝鲜半岛的中西部地区。关于水稻传入朝鲜半岛的路线,一说从中国华中地区经山东半岛向朝鲜半岛传播,然后又传入日本列岛;一说从华中地区直接传入朝鲜半岛和日本列岛。至于更为通行的意见则认为,朝鲜半岛稻作的传入途径,按照传播路线可以概括为:中国长江中下游—淮河流域—山东半岛—庙岛群岛—辽东半岛—朝鲜半岛。

按照明治维新(1868年)以后的日本教科书里的说法,"在我国(指日本),从诸神时代开始,我们已经种植水稻,大多数人的饮食都以米饭为主"。表面看来,这似乎是个毋庸置疑的事实。在明治维新之前的江户时代,日本的社会运转正是建立在水稻加工成的粮食——大米的生产之上。大米意味着财富,也用来衡量"大名(诸侯)"的级别——从最大的大名,号称百万石的"加贺藩",到最小的大名,区区一万石的"对马藩",其中的石所计量的就是大米。

不过,需要指出的是,大米在很长时间里并不是普通日本人所能奢望的食物。那位在关原合战(1600年)中战败的大名宇喜多秀家,被流放荒岛之后的最大愿望,就是吃上一碗大米饭。在江户时代的 1649 年，德川幕府还曾通过法令，允许占日本人口 90% 的农民煮食白萝卜、板栗、小麦和小米，唯独"禁止食用大米"。

如果非要说真的存在某种日本人食用大米的传统的话，恐怕也只能从明治维新之后算起。然而，即便走向近代化的日本通过技术进步大大提高了水稻的产量，当时日本军队招兵的吸引力之一仍旧是农村青年在部队里能够吃上一碗满满的白米饭。国民勒紧裤腰带省下大米供养军队一直是日本身为"穷人帝国主义"的宿命，直到第二次世界大战仍然如此——在几十年前的老电影《啊！海军》里，身处南太平洋前线的主人公想吃大米就能吃个痛快。

以此来看，与其说日本存在以大米为主食的和食传统，还不如说是"想"吃大米的传统更为贴切。日本甚至有句俗语"米盐之资"，指的是只要有米有盐就有了生活费。作为"大米狂热症"的代价，被大米喂饱的日本军队因暴发脚气病而死亡惨重。其原因正是过多进食精白大米而排斥其他粮食导致维生素 B1 缺乏。在江户时代，这是上层人物（只有他们才有条件经常吃精米）专属的"富贵病"，却意外地随着生产力的发展而普及到了民间，如同一个黑色幽默。要是今天回过头再看的话，日本民众真正普遍以大米为主食的时间，恐怕要晚至第二次世界大战结束以后。大米的消费量在1962年达到了顶峰，每人每年能吃掉117千克（一天6两）。甚至这一时期也为时很短。随着日本社会生活方式的逐渐西化，日本的大米消费量随之下落，至1986年已经只剩下每人每年71千克，算到每天的话还不到4两，甚至不够某些"大胃王"一顿之需了。

当然，这并不能否定稻米在日本文化中的重要地位。据说，在水稻种植技术传到日本之前的绳文时代晚期，整个日本列岛的人口只有1.6万余人，社会发展非常缓慢。而到公元前200年左右，水稻传入日本以后的弥生时期，人口就迅速增长到了40万人。后来日本社会开始出现通过水稻生产积累财富的统治阶层，人口也猛增到250万人，进入了部族邦国时代。在公元3世纪后半至4世纪初叶时出现了统一的王朝。王朝的当权者起初叫作大王，后改称为天皇，沿用至今。从这个意义上说，正是水稻创造了日本。

为此，日本有类神社叫稻荷神社，其起源与水稻密切相关。最初的稻荷神社是为稻种的起源而建，日本人认为水稻

日本京都伏见稻荷大社叼着稻穗的狐狸雕像

给日本带来财富,稻荷神社后来才逐渐变成了祈求财富的神社。日本的很多地名都与稻作农耕有关。如"丰田"是良田之义,日本名叫"丰田"的地方就有十几个,著名汽车品牌"丰田"(TOYOTA)也由此得名。还有饭田、稻田、早稻田、大田、饭村、饭山等地名,日本著名大学早稻田大学就是由地名而来。在日本,"瑞穗"是指结穗累累,祈求丰收。日本以"瑞穗"入地名的也有不少,如名古屋市的瑞穗区,京都府、岛根县、长崎县、东京都等地都有瑞穗町。而在日本的人生礼仪中,特别是"人生三大关键时刻",都不能缺少大米饭。一个新的生命降临时,要给产神供一碗大米饭;一个人要解决婚姻大事时,要给婚神供一碗大米饭;生命结束时,在死者枕边要给鬼神供一碗大米饭。日本人称其为"人生三度",都必须用大米饭供奉神灵。

当然,不能不提的还有寿司。作为稻米食品中的一朵奇范，寿司是日本菜肴中以大米和鲜鱼贝为主体的一种重要食品。"寿司"（すし）两个汉字是日本人依音而取的同音字。这种写法历史并不久远。最初使用"寿司"两字系天明年间（1781—1788年），广为使用则是在明治后期。现今人们一提到寿司，会不约而同地想到握寿司。握寿司在日本是最普遍也是最畅销的食品。其实握寿司是日本寿司中最"年轻"的，仅有不到两个世纪的历史，却是"后来者居上"。这种寿司在米饭还温热时，加上山葵末和鱼、贝片就可食用，于是成为江户（今东京）有代表性的寿司。

南国水稻

在亚洲，除了东亚的中国、朝鲜、韩国和日本，水稻还与东南亚、南亚国家的人民结下了不解之缘。在印度尼西亚的爪哇岛，稻田同样依山势建成梯田的形式，供奉着稻神的庙宇点缀其中。这些梯田周围环绕着堤岸或者泥砌的矮墙，依赖灌溉水。每年春天，人们都会向田里引水，然后修复堤岸和插秧。根据联合国粮农组织数据统计，2009年南亚地区人均精米食用量如下：孟加拉国173.3千克、老挝165.5千克、柬埔寨160.3千克、越南141.2千克、缅甸140.8千克、泰国133.0千克、印度尼西亚127.4千克、菲律宾123.3千克、斯里兰卡103.8千克，均高于中国（76.3千克）；印度为68.21千克，略低于中国。

东南亚的稻作文化同样来自中国。在东南方面，水稻由中国南方逐渐扩散传播到今天的越南等地。西南方面，水稻由云南首先传入缅甸北部、老挝北部及泰国等地。20世纪60年代，美国夏威夷大学人类学系教授、考古学家索尔海姆的学生戈尔曼和格林在泰国东北部孔敬府能诺他遗址进行考察和挖掘时，发现了一块带有稻壳的陶片。根据碳14测定，这块陶片是公元前3500—前3000年的遗物。泰国有人工栽培水稻证据的大型遗址是大约公元前2000—前1500年的科帕农第遗址，这里出土了炭化的人工栽培水稻小穗。

在13世纪末，泰国的水稻种植已相当普遍。14世纪中期，我国元朝著名航海家、旅行家汪大渊在《岛夷志略》中记述泰国中部情景时说"其田平衍和多稼"，年年有余粮运往北部地区。至17世纪，暹罗（泰国的古称）国势强盛，农业生产力亦获发展，修筑了灌溉水渠，并用犁、锄耕作，促进了稻谷生产。1722年，康熙皇帝听来朝的泰国贡使说："其地米甚饶裕，价钱亦贱，二三银即可买稻米一石。"清朝官方要求泰国官运大米到闽粤地区售卖，泰国大米因此大量销往中国。

与泰国类似，水稻也是越南最重要的粮食作物。越南的自然条件非常适合种植水稻。北方如红河三角洲等，生态条件与中国广西、云南相似，一年可种两季水稻，冬春季于上一年12月至2月播种，4月至6月收获；夏秋季于4月至6月播种，9月至11月收获。南方如湄公河三角洲等，一年可种三季水稻，春季早季于1月播种，5月收获；秋季中季于5月播种，8月中旬收获；冬季晚季于8月播种，11月收获。另外，北宋初年，占城（今越南中部）出产的占城稻还传入中国福建地区，进而推广到长江下游。据《宋史·食货志》记载："稻比中国者，穗长而无芒，粒差小，不择地而生。"中国原有的粳稻"非膏腴之田不可种"，需要良好的水肥条件；而占城稻则"不问肥瘠皆可种"。首先，由于占城稻适应性强、耐旱，对南方广大的丘陵地区和北方旱地有着极强的适应性，这些优点使过去"稍旱即水田不登"的稻田可获得合理的收成。这大大提高了粮食可耕作面积和产量，使得南方许多地区得到很大开发，许多丘陵、山坡成为良田。一些农业欠发达地区，比如"地多丘陵"的江西摇身一变成为"粮仓"。同时，随着产量的提高，农民手中的余粮也有所增加，这在一定程度上促进了宋代商品经济的发展。其次，占城稻在引入中国后被广泛种植，劳动人民在生产过程中又培育出大量新品种，大大丰富了古代的水稻品种，对后世也影响深远。最后，占城稻作为早稻品种，能够有效地躲避秋旱，它的推广还推动了耕作制度的进步。由于占城稻生产周期短，快者只需60天，这就使得一年两熟成为可能。占城稻在南方一年两熟制的形成过程中可能起了很重要的作用。

与此同时，在越南民间还流传着这样一句俗语，大概意思是说，虽然有很多美味佳肴，肚子里也要填满三碗米饭才能够饱。从这句话我们可知，米制品在越南饮食中所占据的重要地位。越南人根据稻的种类，把它们加工制作成不同形式的食物，如糯米可以制作成糯米饭、粽子、汤圆、糍粑等，粳米则用来做米饭、米粥、米线、米粉等。其中最出名的自然是米粉（pho）。黄批等主编的《越南语字典》对米粉作以下解释：粉饼切小成条，混合切薄的肉片，经浇汤或者炒烹饪而成的食物。目前，越南米粉分为三个流派：北粉（北部）、顺化粉（中部）和西贡粉（南部）。从味道上看，北部的米粉偏咸，而南部的米粉偏甜。从配菜来说，北粉的蔬菜较少，一般只有空心菜；而中部和南部的米粉则通常会加入椰丝，特别是南部的米粉配有更多的香菜。而在汤水的烹饪方面，南部人喜欢在熬汤时加入特有的干地参和墨鱼干，北部人通常会加入许多味精，中部人则会加入对虾等海鲜。

马来西亚人的三餐几乎也都配有米饭。在马来西亚文化中，糯米主要用于制作糖果，白米饭通常搭配各种蛋白质和蔬菜。一顿典型的马来人午餐包括一份用椰子或罗望子（酸豆）烹饪的鸡肉或鱼肉、炸鱼、炒蔬菜和参巴酱。最受欢迎的米饭中添加了椰奶和松叶一起蒸。椰浆饭被视为"国菜"，传统上，可配凤尾鱼、参巴酱、煮鸡蛋、炸花生米和黄瓜食用。包裹椰浆饭时，将一小碗米饭放在香蕉叶的中央，然后将黄瓜、鸡蛋、炸凤尾鱼和凤尾鱼辣椒酱放在米饭上，最后再包起来。

与马来西亚毗邻的岛国新加坡，其"国菜"海南鸡饭也与稻米密不可分。顾名思义，新加坡的海南鸡饭来自海南（文昌市）。大约20世纪30年代初，一个叫莫履瑞的海南人从家乡"过番"来到新加坡，沿街贩卖鸡饭。他左手提一桶饭，右手提一桶白斩鸡肉，沿街叫卖。这无疑就是海南鸡饭的最初版本。这种"黑暗料理"后来竟得以传承，发扬光大进而登堂入室了。

在海南本岛，招待远道而来的客人最高的礼仪就是杀鸡，因此便有"无鸡不成宴"的说法。而白切文昌鸡则是海南久负盛名的传统菜。最正统的海南鸡饭，须以海南岛文昌鸡做的白斩鸡，搭配鸡油鸡汤煮的海南传统饭团（饭珍）。但由于原料发生了变化，特别是文昌鸡难觅，新加坡的海南鸡饭做法也随之改变。海南鸡饭制作工艺可不像最后上桌铺陈在食客面前的那么简单，只一碟鸡一碗饭而已。首先要将大量的连皮大蒜和生姜在油中炸，炸好之后再将葱卷起来混合被马来西亚人称作"马兰"的香叶，一起塞进鸡肚。然后将鸡皮抹盐后放入煮滚的热水中反复烫煮、过冷水，直至九分熟时捞出，冲凉后再放入冰水中浸泡。之后，将烫煮鸡后水上浮着的鸡油捞出后，加入葱、蒜爆香，放入米略微翻炒，再倒入一些底汤炖煮成米饭，剩下的底汤加入高丽菜和冬菜一起煮成配汤。把煮好的米饭盛盘，白斩鸡均匀切块摆在饭上，配上酱油和现做的姜蓉、蒜末、辣椒酱三小碟佐料，一份鲜香油亮的海南鸡饭才算制作完成。这道源自海南岛的海南鸡饭，就这样在遥远的新加坡发扬光大。2004年新加坡与中国香港甚至合拍了一部电影，名称就叫《海南鸡饭》。耐人寻味的是，在新加坡声名大噪之后，海南鸡饭原本的故乡被人淡忘，人们误认为新加坡才是它的起源地。生于新加坡的香港才子蔡澜就曾因为在海南吃到的鸡饭与新加坡的味道不符，感慨"海南没有海南鸡饭"。

抓饭传奇

话说回来，与某种先入为主的刻板印象不同，水稻固然适宜在多雨的季风区种植，却也不是说不能适应其他的气候。譬如在清代乾隆、嘉庆时期，水稻在新疆的种植就有了很大发展。阿克苏是清代"南疆八城"之一，是南疆东部的核心城市。乾隆二十六年（1761年），阿克苏办事大臣以阿克苏地当孔道，需用稻米应酬，就从叶尔羌运来种子试种，结果从次年开始"每岁收获盈余"。此后，水稻在阿克苏地区迅速推广种植。到了清朝后期，阿克苏地区已成为新疆水稻的主要产区之一。清末民初人称新疆水稻以"阿克苏之产最良"。这种阿克苏大米品质优良，甲于内地，当时的评论认为，只有当时上海租界从菲律宾进口的洋米才能与阿克苏大米一较高下。

而在更久远的古代，新疆以西，也就是今天的中亚地区，也已经开始种植水稻。《史记》中有载，汉使张骞对大宛的描述是"耕田，田稻"。大多数学者认可大宛是现代乌兹别克斯坦境内的费尔干纳。在考古发现里，20世纪70年代，苏联考古学者称在费尔干纳第28、29和61号地点发现了大量米粒，可追溯至公元早期。尽管这一说法未经充分核实，但20世纪80年代的又一发现或许能支持这一论断。这一次，在吉尔吉斯斯坦境内奥什州克尔基顿（Kerkidon）镇附近，人们在蒙恰特佩的泥砖残迹中发现了稻米，年代在5世纪至7世纪之间。

不过，在中亚的大陆性气候下种植水稻需要消耗极高的劳动力和生态成本。灌溉需要投入大量劳动力，不仅如此，种植水稻还会提高土壤的盐碱度，尤其是灌溉用水滞留于稻田的时候。渗入土壤的水将溶解地下的矿物质，使之缓慢渗透到地表，待地表水分蒸发之后便聚集在表层土壤中。因此，两块田地之间的集水区必须不断进行水体循环，以防含盐量上升。由于这个原因，中亚的稻作区局限在了被称为"河中"的锡尔河与阿姆河流域——这两条大河为水稻种植提供了必不可少的水源。同样的情况也出现在西亚地区。10世纪的地理学家穆卡达西（945—991年）认为，库拉河流域（今伊朗法尔斯省境内）有政府出资建设的大规模灌溉工程；他还指出，坐落于库拉河支流普尔瓦尔（Pulvar）河畔的伊什塔克尔古城周围环绕着稻田和果园。

中亚及其周边地区，大米的食用方法也形成了当地的特色。这些地方的烹饪习惯是在大米中加入油焖煮或蒸熟，搭配各种蔬菜、香料和肉类一同食用。此外，大米也以其他方式出现在当地特色饮食中——它是中世纪制作各类甜点的重要材料。大米粉可以用来烤面包；经过发酵的大米可以制成啤酒和醋，还有药用价值。不过，最常见的做法还是手抓饭。手抓饭的形式丰富多样，原料包括米饭、水果干、胡萝卜、洋葱，有时还有肉类。在乌兹别克斯坦首都塔什干的国家电视塔下，就有全中亚最大的抓饭中心。这里并非高档餐厅，却吸引着塔什干市民和世界各地的游客。这里的抓饭虽然名声在外，却并非总能吃到。抓饭中心每天的营业时间有限，每天上午开始营业，至下午不待天黑，所做的抓饭即售罄，随即关门歇业。另外，乌兹别克斯坦还曾经制作过分量最大的抓饭。2017年9月，来自乌兹别克斯坦各地的50余位厨师，在一口大锅中共同烹制了8吨抓饭，创造了一项吉尼斯世界纪录。

不过，虽然现代食客几乎无法想象没有米饭的手抓饭，但是在近代之前，不少地方只有富有的社会上层人士才有机会享用米饭，其他人只能用大麦制作"手抓饭"。在阿富汗，喀布林抓饭（Kabuli Palaw）俨然是身份的象征。这种食品是由米饭、葡萄干、胡萝卜和羊肉混合而成的。将羊肉、胡萝卜丝和葱末煸炒后，加水、羊油、盐，烧开后放大米，使菜的香味、颜色和米饭充分融合在一起，熟后装盘，拌上柠檬汁、辣椒、葡萄干等配料，令人食欲大振。

西行之路

作为南亚最大的国家，印度国土大部分处于热带季风区内，水热资源丰富，除小部分位于北部高寒山地和西北部干旱区的稻田只能种植单季稻外，其余各地一般可种植二或三季。

譬如西孟加拉邦、北方邦、中央邦、奥里萨邦和比哈尔邦等地都以产稻为主要经济来源。在印度,大米一般是做成不添加任何东西的白米饭,但各地也有不同的风味菜肴。在以小麦为主食的北印度地区,大米被加工制作成"普拉欧"(Pulao,一种肉炒饭)。而在印度南部的一些地方,人们会将大米磨成米糊并发酵,加上椰奶浇入凹型锅中,烤制成中央厚、边缘薄脆的碗状煎饼。此外,大米磨成的米粉还可以掺入豆粉和酸奶酪,做成油炸的小吃。

提到印度与水稻的关系,就得说到籼稻和粳稻的关系。两者是独立起源——即它们分别由不同地区的不同人群、在不同地点从野生稻驯化而成,还是单一起源——它们是野生稻驯化成栽培稻后适应不同的地理环境的结果,一直以来未有定论。一种意见认为粳稻起源于中国,籼稻起源于印度或者东南亚;另一种意见认为粳稻先起源于中国,而后传到印度或者东南亚,与当地野生稻发生杂交,从而产生籼稻。一些研究认为,单倍型分析表明印度的居群野生稻是籼稻祖先的可能性最大,但是目前的考古证据表明,我国西南地区和华南地区在印度之前就有偏籼型古稻，因此推测偏籼型古稻的出现很可能是粳稻与当地野生稻发生杂交的结果，"粳稻在向南传播过程中可能不止一次与当地野生稻发生过杂交"。

到公元前3千纪中期，稻米已在印度的恒河流域经济中确立了自身的地位。印度境内旁遮普、哈里亚纳和斯瓦特等地的考古遗址中均发现了古稻的踪迹。公元前2000年左右，一支雅利安人（印欧人）进入印度次大陆的恒河流域，最早看到水稻这种亚洲特有粮食作物。到了公元前4世纪后期，马其顿亚历山大大帝的远征军又来到印度河流域，也就是现在的巴基斯坦一带。类似这样的大规模人员流动也使得水稻进一步从印度向西传播。埃及古墓的碑文、《圣经》中都提到水稻。此外，古希腊植物学家狄奥弗拉斯图（Theophrastus，约前371—前287年）在其著作中也提到过水稻。而"稻"的西方语言称谓就源自印度。印度南部的泰米尔语称稻为arishi，阿拉伯人称其为arruzz或uruzz，希腊人据阿拉伯语称其为oruza（稻属的学名*Oryza* L.来源于此）。阿拉伯人征服西班牙后，西班牙语称稻为arroz，之后欧洲人对水稻的称呼如意大利语riza、rizo，德语reis，法语riz，英语rice等，都由arroz衍变而来。

至于欧洲人开始栽培水稻，似乎是在阿拉伯人征服西班牙的公元 8 世纪后，西班牙因此成为欧洲第一个种植水稻的国家——西班牙的海鲜饭至今仍是著名的地方美食。接着西班牙人又将这种作物引种到意大利南部地区。后来土耳其征服地中海东部国家和岛屿后，又把水稻引入巴尔干半岛。

　　新大陆被发现后，欧洲人又将水稻带入美洲。西印度群岛是新大陆最早推广稻米的地方之一。随着西印度群岛移民增多，当地食物开始紧缺。为了解决温饱问题，庄园主必须保证有来源稳定的粮食。这些食物不可能一直依靠远洋航船从旧大陆运来，于是只能在当地栽种。西印度群岛气候潮湿，阳光充足，适宜稻米生长。到 17 世纪初，古巴、牙买加、小安德里斯群岛都栽种了稻米，为广大劳动人民（主要是黑奴）提供了基本食物。至于稻米传入北美的时间及地点，说法更多。有记载提到："新英格兰总督威廉·伯克利于 1647 年首次将稻米带入北美。"另有一说，1685 年，来自东非马达加斯加的白人船长亨利·伍德沃德将稻米带到美国（今南卡罗来纳州）。"夏季时，稻谷的波浪绵延千里田野"，这个场景描绘的是 19 世纪 30 年代，南卡罗来纳州从北方的恐怖角到南方的圣约翰河之间的景象。《美国月刊》1836年10月刊《素描桑堤河》一文中说，"稻田的风景"看上去"平坦而又浑然一体，眼睛顺着河流上下游移，这一景象绵延数里而不断"……

奴隶在南卡罗来纳州或佐治亚州的稻田收割稻米。
木版画，美国，1859年

　　水稻以其优良品质以及高产和广泛的适应性能，受到广大劳动人民的喜爱，并迅速得到传播。可以说，今天的水稻已然成为一种全球性的主食。它的地位有多重要，看看诸多国家的国徽就可见一斑。中国的国徽，中间是五星照耀下的天安门，周围是稻穗和齿轮。而越南的国徽周围也对称环绕着两捆由红色饰带束扎的金黄色稻穗。至于印度尼西亚、孟加拉国等以稻米为主食的国家,也都在国徽一角画上了稻穗。而朝鲜民主主义人民共和国的国徽中除了稻穗图案外,甚至还加上了一座水库。无怪乎联合国大会曾将2004年确定为"国际稻米年",其宣传口号便是"稻米就是生命"。

大麦：创造糌粑与美酒

"麦"是与"稻"齐名的粮食作物。如今，在农学上有"四大麦类"之说，即小麦、燕麦、黑麦及大麦，都是禾本科早熟禾亚科的一年生谷物。其中，前三种麦子的起源一般没有争议，即西亚的"新月沃地"地区。而大麦则不一样，尽管至今仍有争议，但它很可能是中国先民独立驯化而来的一种作物。

扑朔迷离的起源

植物学上的"大麦"属于禾本科（Poaceae）小麦族（Triticeae）大麦属（*Hordeum*），与其起源进化关联比较密切的是野生六棱大麦（*Hordeum agriocrithon*）与野生二棱大麦（*Hordeum spontaneum*）。六棱大麦的穗轴各节生的三个小穗均正常发育结实，断面呈六棱形；而二棱大麦穗轴各节生的三个小穗，仅中间一个正常结实，两侧的都发育不全，穗形扁平，只有两行麦粒，所以叫作二棱大麦。

长期以来，人们一直认为大麦与其他麦类一样起源于西亚的新月沃地地区。这是一块西起地中海东岸，穿过叙利亚北部、土耳其东南部及美索不达米亚平原，东至波斯湾，包括今天以色列、约旦、叙利亚、土耳其、外高加索及其他一些国家和地区所延伸形成的弧形地带。这片地带湿润的气候为早期农业文明的起源提供了适宜的环境。考古发现，该地区以植物驯化和饲养牲畜为主的农业文明在距今1万多年的新石器时代早期就已出现，因此成为古代欧洲和亚洲许多农作物的"故乡"。

就大麦而言，新月沃地至今仍广泛分布着野生大麦的自然群落。在2009年和2010年，一支来自德国图宾根大学的考古学家团队与伊朗考古中心的研究人员合作，共同对一处遗址进行了发掘。该遗址位于今伊朗伊拉姆省的扎格罗斯山麓，属于新月沃地的东部边缘。这片占地3公顷的古迹在公元前12000年至前9800年已有人类居住。野生大麦是该遗址先民的重要食物。考古学家还注意到，到该遗址古人类居住的后期，具备不易脱粒形态的小麦粒（野生小麦亲缘种）所占比例有所上升。这就说明大约1万年前的新月沃地已出现了对大麦的驯化行为。考古发现，到了公元前九至八千纪，叙利亚、伊朗等地的野生二棱大麦和野生六棱大麦开始具备驯化特征。应该说，西亚地区作为大麦的一个起源中心的证据还是较为明确的。

经过数千年的种植，恰高戈兰（Chogha Golan）地区的野生小麦（左上）变成了驯化小麦（右下）。
西蒙妮·里尔等，图宾根大学

然而，这并不意味着大麦就一定是单一起源的，即新月沃地是大麦唯一的起源中心。在中国的古代文献里，大麦出现的时间同样很早。《诗经》里就有"思文后稷，……贻我来牟""于皇来牟"等记载。三国时期的张辑在《广雅》一书中解释，"来，小麦；牟，大麦"，可见 3000 年前的中原已有大麦。而从考古发现的情况看，西藏贡嘎县昌果沟出土过距今约 3500—4000 年的新石器时代的裸大麦。2012 年，青海的文物考古工作者在互助县金禅口遗址发现了距今约 4000 年的大麦遗存。新疆也曾发现距今约 3000 年的裸大麦穗壳。另外，在河南洛阳皂角树的二里头文化遗址中据说也出土过大麦。这里顺便提一句，根据麦麸与籽粒表皮胶结与否，可以将大麦分为皮大麦和裸大麦两类。两部分互相胶结不易分离的是皮大麦，两部分分离、籽粒易于脱出的是裸大麦。生长在青藏高原上的裸大麦还有一个人们更加熟悉的名字——青稞。

20 世纪 30 年代，瑞典植物分类学家奥贝里在西康（今属四川）甘孜道孚县发现了 3 粒野生六棱大麦种子，并大胆提出了栽培大麦起源于野生六棱大麦的意见。他认为，现代栽培大麦是由野生六棱大麦进化来的，而二棱大麦是六棱大麦的退化类型。他还认为，中国的西藏和四川才是大麦的发源地。但是由于他仅仅得到 3 粒大麦种子，证据还不充分，分布情况也不清楚，因此没能做出肯定的结论。到了1974年，中国科学家跋山涉水，历尽艰辛，踏遍了青藏高原的平原和河谷，在四川西部甘孜藏族自治州金沙江流域、雅砻江流域，以及西藏的昌都、山南、拉萨和日喀则等地区的澜沧江流域、怒江流域、雅鲁藏布江两岸及其主要支流年楚河、拉萨河、隆子河流域，都发现了野生大麦。于是，"大麦起源于中国"这种说法似乎已经开始得到认同了。

然而，进一步考古同样发现了大麦"新月沃地起源说"的证据。1977年，西藏昌都发现卡若遗址，年代为5000—4000年前。卡若遗址中出土了大量谷物遗存，经鉴定却全都是粟（小米），不杂一点其他谷物，说明在这个时候，藏族先民还没有种植青稞（大麦）。1994年，在位于拉萨以西的雅鲁藏布江河谷附近发现了距今约3500年的昌果沟遗址，其中却不仅有粟、青稞，还有零星的小麦遗存。这也是首次在青藏高原上发现新石器时代的古代小麦种子遗存。考古人员认为，小麦在昌果沟遗址中处于混生状态，并推测"其必然是自大麦、小麦的初生起源中心'近东'，随大麦夹带而引入的，由此亦反证了藏青稞不是西藏高原上本土起源的"。

近年来，新兴的分子生物学则提供了另一种思路。研究发现，西藏野生大麦明显不同于西南亚野生大麦，中国栽培大麦与西藏野生大麦具有相同的单倍型。系统发育分析显示中国栽培大麦与西藏野生大麦具有更近的亲缘关系，西藏野生大麦可能是中国栽培大麦的祖先。这实际上就说明，大麦是多起源的，中国的青藏高原是栽培大麦的驯化中心之一。不仅如此，研究者还发现，在西方栽培大麦中存在东方野生大麦特有的单倍型（来自西藏野生大麦种群）；同样，在东方栽培大麦中也发现了属于西方野生大麦的特异性单倍型（来自西南亚野生大麦种群）。这种相互间的基因渗透现象，意味着来自亚洲东西两端的两个古老的大麦驯化中心在历史上早有交流，而"中亚地区可能是野生大麦在近东和青藏高原之间迁移和交流的重要通道"。换句话说，生活在中国青藏高原与新月沃地的古老先民"殊途同归"，共同为今天的人类培育出了大麦这种重要的农作物。

雪域的征服者

毫无疑问，大麦（青稞）的驯化，对人类在青藏高原的定居具有重要意义。西藏地区地处"世界屋脊"，人称"雪域高原"。从自然条件上看，西藏地区南有喜马拉雅山，中有冈底斯山和念青唐古拉山，北有唐古拉山和昆仑山，它们的平均海拔都在5500米，甚至6000米以上。夹在这些著名高山之间的西藏的主体部分却是个广阔宽展的高原。由于海拔升高，气压降低，空气逐渐稀薄，能够吸收和保持热量的气体分子和尘埃也随之减少，地面气温相对下降。这样一来，地势如此高耸的西藏，虽然纬度偏低，日照丰富，受太阳辐射强烈，气温却普遍偏低。譬如，西藏西部的阿里地区的纬度与长江下游的南京相当，而前者年平均气温在0℃上下，后者则在16℃左右，两者相差十分悬殊。

由于海拔高，气温低，农作物在西藏的种植范围受到严重限制。西藏最适宜农作的雅鲁藏布江中游河谷的纬度接近长江中游（如武汉），可是7月平均气温与后者相比，竟有10℃以上的差距，只相当于中国最北端的黑龙江省最北部的情况。即便是海拔相对较低、气温相对较高的拉萨，其最热季节（7—8月）平均温度也不过15℃，这使得最早熟的玉米品种也难以在大田成熟。在这种情况下，就必须种植耐寒、耐旱、适应复杂气候的高原作物。《旧唐书》里说，吐蕃"其地气候大寒，不生秔稻，有青稞麦、豋豆、小麦、乔麦"，便是就此而言。

而在这些可以在西藏种植的作物里，青稞对气候的适应能力是最强的。在喜马拉雅山南坡，青稞一般种植在海拔3900米左右；在喜马拉雅山北坡、藏北高原湖盆和阿里地区，一般种植在4300米左右，分布上限可达4750米；在昌都地区北部和那曲地区东部，一般种植在3900米左右，分布上限则为4200米。

就这样，在高山边缘的狭窄地块上，在一年大多数时间是冻土的田野上，农人在看起来最不可能生长植物的地方栽植这种独一无二的农作物。当英国探险家亚历山大·伯恩斯（Alexander Burnes）在1832年翻越帕米尔高原和兴都库什山脉时，曾记载当地居民"在群山之巅种植一种没有稃壳的大麦，看起来很像小麦，但的确是大麦"。而在中国的藏区，青稞凭借其耐霜冻、耐高海拔的特性，至今仍是当地农业的核心作物之一。

在藏语里，通常将谷物统称为"智"，称青稞为"芎"，"芎"与"智"可互用，至今藏地许多农民亦视"芎"为谷物的统称。另外，民间也流传有"蓝青稞是国王，白青稞是王后，黑青稞是侍卫"的说法，凸显了青稞的重要地位。从晚近的情况看，在西藏地区种植的各种农作物里，青稞播种面积和总产量始终居首位。在1956年全国人大民族委员会组织的西藏少数民族社会历史调查收集的个案材料中，也有这方面的例子。1955年，拉萨东噶宗桑通曲奚的大差巴康撒江·占堆一家年粮食总产量为5100藏克（西藏传统重量单位，1藏克约为1.4千克），其中青稞产量就有2000藏克，占到全年粮食总产量的39.21%。

这些在雪域高原茁壮成长的青稞，对西藏居民的生活产生了深远影响。在旧西藏传统社会，大米、白面购自西藏以外，属于奢侈品，只有贵族和上层僧侣阶层才能经常享用。至于普通民众，无论是农区还是牧区，由青稞磨制成的糌粑这一主食的重要性是任何其他食物都无法匹敌的，它就是藏族人民传统

西藏日喀则地区青稞丰收的场景。

生活中最重要的食品。

所谓"糌粑"就是青稞炒熟之后磨成的面粉,类似于内地北方农村的炒面,只不过二者原料有所不同。在过去,炒磨青稞是繁重的劳役,高僧、贵族等大封建农奴主都有专门的农奴为其炒磨青稞。《朗氏家族史》载:"名为炒磨青稞的大差,……更沉重,……运送糌粑时,寺属百姓和贵族所属百姓压断腰。"

在藏族居民的传统饮食里,常见的糌粑食法是在小碗中放入适量的酥油茶,加入糌粑,然后用左手托住碗底,右手大拇指紧扣碗边，其余四指和掌心扣压碗中的糌粑，自左至右使小碗在左手掌上不停地旋转，边转边拌，直至酥油和糌粑被捏成小团。民间流传的关于攥糌粑的谜语"底部海浪翻卷，上部堆雪成峰，顶部五鸟盘旋"，将藏族居民揉捏糌粑的动作和过程描绘得形象、生动。这样的糌粑在食用时仍需以酥油茶或清茶相佐。还有一种吃法是用酥油茶把糌粑直接冲成糊状，可加细奶渣、白糖等。

就食物而言，糌粑最大的特点就是易于保存、方便携带。不管在任何地方，只要有水就可以随时冲调，又由于西藏地区气候较为干燥，糌粑不会因为潮湿而滋生霉菌，人们食用储存较长时间的糌粑，身体也不会感到不适。可以说在西藏大部分地区，大自然就是一个天然的最佳仓库。

另外，在过去的西藏社会，青稞又不光是一种主食。《汉藏史集》里就有记载，松赞干布的父亲囊日论赞王时期，在吐蕃已出现了以 60 粒青稞为重量单位的称量办法。而在商品经济不发达的时期，青稞甚至被当作一般等价交换物也就是货币使用。据载，吐蕃时期，给寺院僧人的生活费就以青稞发放，譬如地位与住持相当的堪布（意为佛学博士）每月发青稞 75

藏克，一年共计 900 藏克；大修行者每人每年 55 藏克青稞；学经僧徒每人每年 25 藏克青稞；普通僧侣则每人每年只能得到 8 藏克的青稞。甚至在旧时的西藏地区，糌粑还被用来换取牧区出产的盐等生活必需品。这也从一个侧面说明，驯化成功的大麦（青稞）对高原上的人类社会具有多么重要的意义。

穷人的食粮

不过，在世界范围内，建立在大麦（青稞）上的农业社会只是少数。在许多地方，大麦都屈居小麦之下，失去了在粮食中的主导地位。

为什么会这样呢？或许与这两种谷物的差异有关。相比之下，小麦的种皮硬而不适合粒食，粉很黏，适于磨粉做面食；而大麦的种皮较软，粉不黏，适于粒食。明宋应星《天工开物》"粹精"篇所云："凡大麦则就舂去膜，炊饭而食，为粉者十无一焉。"在大多数地方，随着石磨的发明及粉食技术的出现，磨粉食用成为麦类最主要的食用方式。而大麦的口感并不适合做面食，即使用其做成面包也很硬，远不如淀粉含量高的小麦面粉的口感好，自然只能"甘拜下风"了。

尽管如此，在食物往往谈不上充裕的古代社会，抛弃大麦这种需水量和劳动力较少，较小麦早熟一个月，而价格又比小麦便宜的重要农作物也是不现实的，因此结果显而易见，大麦成为穷人的主食。譬如迫于沉重的人口压力，明清时期，甚至像长江三角洲这样从河姆渡文化时代就延续下来的传统稻谷产地，也在种植麦子。松江府（今属上海市）沿吴淞江两岸的沙冈地带，在明初尽皆种麦。在浦东的村落，当地农民生活贫困，赊米买柴和油盐酱醋，常常入不敷出，于是只能种些元麦（一种大麦）或买点元麦掺和着吃，因此旧时有吃麦粥与麦饭的习俗。麦粥的制法是先将元麦淘净晒干，然后抓一小把放进石磨里碾碎，再用绷筛筛过。筛出的细粒即麦屑，留在筛内的粗粒叫麦头。当地人用麦屑烧粥，这就是"麦屑粥"；用麦头烧饭，便称为"麦头饭"。用麦䊛（指麦磨成的粗粉）掺以少量大米煮成的饭则称为麦䊛饭，不加大米的称"成钢麦䊛饭"或"斗冲麦饭"。而在距离不远的常熟（属苏州），人们也将元麦磨成麦䊛并杂以大米、杂粮食用，故有"半段麦肚肠"之称。

与中国的情况类似，大麦在古代西亚与欧洲也象征着社会等级的低下。在流传至今的两河流域人类第一部英雄史诗《吉尔伽美什史诗》中，英雄吉尔伽美什就吃下大麦面包，试图与身份卑贱的农民群体拉近关系。在古代希腊，《荷马史诗·伊利亚特》记载，神圣的大麦粉被撒在刚刚放净鲜血的动物祭祀品上；而在《荷马史诗·奥德赛》中，洁白的大麦粉则被视为让亡灵安息的祭品。这暗示在古希腊文明的早期，去壳大麦（磨碎后做糨糊粥、面包或稀粥）仍在人们的食物中占主要地位，但随着时间的推移，人们开始种植小麦，并用其制作面包。至于古代罗马社会，面包和麦粥的对比也反映出贫富对立和城乡对立。烤制面包用小麦，麦粥则以大麦为主要原料。从大约公元前180年起，首先在罗马，后来也在别的城市，出现了大型面包坊，向民众供应小麦面包。面包在罗马人生活中的地位是如此重要，以致历代罗马皇帝都将提供免费的"面包与马戏"作为赢得平民支持的重要手段。而那些被迫自相残杀供人娱乐的角斗士被称为"大麦人"，原因就在于角斗士的主食就是大麦粥。

即便是到了中世纪的欧洲，这种小麦与大麦的对立格局仍在延续。只有城里人和富人才有条件吃面包，而占当时人口绝大多数的穷人只能将就着吃大麦粥。这仍然是因为大麦较小麦早熟一个月，价格又只有小麦的一半，穷人也能负担得起。所以吃粥也被视为贫穷、低贱的象征。譬如波尔多的一位特别简朴和虔诚的僧侣就是在长达"四十天的斋戒期中没有吃过一次面包……而是隔两天才吃一碗大麦糁粥"。而在14世纪以前，多数英格兰农民的食物主要就是麦糊，农民的餐桌上很少出现用小麦制成的食品。如弗拉林汉姆的庄园仆人们的津贴就由70%的大麦、25%的豆子和豌豆，以及5%的库拉卢姆（culaum，脱粒小麦质量最差的部分）构成。当时小麦在整个谷类食品中的比例不到8%，大概只有庄园里的差役才吃得上面包，对底层农民而言，它简直是与新鲜肉食一样的奢侈品。一位名叫格里高利的中世纪编年史作者曾记载，"许多人根本没有面粉，所以就挖各种野菜吃，可是，他们却因为吃野菜而浮肿和死去"……

中世纪的面包师和他的学徒。
牛津大学博德利图书馆

　　甚至直到法国大革命前夕，许多欧洲人还是以大麦为主粮。在勃艮第（今属法国），"除大农庄主外，农民很少食用小麦。这种细粮只供出售、喂养婴儿或难得在过节时吃。细粮主要用于换钱，而不是端上饭桌……粗粮才是农民的基本食物：一般说来，富裕人家吃黑麦，最穷的人家吃大麦和燕麦"。按照著名历史学家费尔南·布罗代尔（Fernand Braudel）在《十五至十八世纪的物质文明、经济与资本主义》中的看法："1750 至 1850 年间才发生真正的食物革命，小麦取代了其他谷物的地位（例如在英国），制作面包的面粉筛除了大部分麦麸。"如今，尽管欧美烹饪文化里仍保留着一些使用大麦熬制浓汤的传统（例如牛肉大麦浓汤），偶尔也用来烤制未充分发酵的面包，但总的来看，随着农业逐渐工业化和面包的大批量生产，大麦在主粮中的地位在很大程度上已被小麦粉取而代之了。

美酒的来源

目前，世界上生产的大麦除小部分（约20%）尚用作粮食外，大部分（70%）转为当作饲料使用。这种情况在欧洲可以说由来已久，以至于出现了一个有趣的现象：在16世纪和随后一段时间里，每逢大麦歉收，匈牙利漫长的边界上就没有战争。这是因为大麦是喂马的饲料，而马匹吃不饱就无法组织骑兵进行军事活动，奥斯曼土耳其与基督教诸国之间的战争就无法进行了。

另外，还有一小部分（约10%）的大麦干什么去了呢？答案是用来制麦芽，当作酿酒及制糖工业的原料。实际上，除了大麦之外，所有主要的谷类作物，如小麦、燕麦、黑麦、小米、玉米、高粱和大米，都可以被用来酿酒。但是小麦糖化后麦汁的黏度比较高，加工效率低，蒸馏后蒸馏器不容易清洗。而燕麦的蛋白质和脂肪含量高，如果用来蒸馏，由于其蛋白质含量高，要想取得比较纯净的酒精，需要3～4次蒸馏，工艺复杂、成本高。反观大麦，它容易被制作为麦芽，可以较好控制其部分发芽。大麦的低谷肮（面筋）含量也可以确保糖化后的浆液不那么黏稠。这些优势就决定了它是最适宜的酿酒用谷物。而且，大麦的主要营养成分除了淀粉之外，还有蛋白质、脂肪、纤维素等，还含有比较多的α-淀粉酶和β-淀粉酶，这些淀粉酶在大麦发芽过程中被自然激发出来成为糖化剂，这是西方用大麦发芽作为糖化剂的一个重要原因。

　　早在法老时代，用碾碎大麦制造的啤酒就是古埃及人最喜欢的饮品。根据考古资料推测，当时是先将大麦泡在水中，使其吸收水分发芽生长。然后将其干燥在阳光下晾晒，或者轻微加热，产生绿色麦芽，在这个过程中合成的淀粉酶将谷物中的难溶性淀粉转变为可溶性糖。然后在稍高的温度下进一步焙干，产生"熟化"麦芽。随后将磨碎的麦芽与水混合、加热进行糖化（糊化），不断地搅拌后，淀粉酶继续分解糖分使其溶入水中，产生稀粥状的麦芽糊醪液。再将醪液分散到芦苇垫上，过滤出醪液中的液体成分（麦芽汁），并除去谷壳等废料。最后被引入新的容器中进行发酵，成为广受欢迎的酒精饮料。

到了中世纪晚期，大麦麦芽酒（即啤酒）在欧洲已成为一种重要饮料。英格兰威斯敏斯特修道院在1304—1305年用于焙烤的小麦要比大麦以及大麦和燕麦的混合麦多得多。在14世纪70年代，这一情况发生了逆转，到1526—1527年，该修道院的酿酒屋使用了1209夸特（1夸特约等于12.7千克）麦芽，而焙烤房仅仅使用了可能由555夸特的小麦产出的面粉。中世纪晚期的文学著作《农夫皮尔斯》曾经刻画了这样一个场景：一个酒鬼在伦敦的麦芽酒屋里消费了许多的麦芽酒之后，才发现如果没有一根手杖他就无法行走或者站立。他就像一位捕鸟者或吟游诗人的狗一样跌跌撞撞，最终脸朝下跌倒在酒屋的门口。在中世纪晚期，这些昏倒在酒屋门口的人通常被广泛描述成城镇中的中下层人，他们中有男有女，有工匠、音乐家、外国人……可见英格兰穷人消费麦芽酒的现象也变得普遍了。酒类饮用量的增加带来了农作物种植结构的变化：用于酿酒的大麦的种植面积明显扩大。1300年左右，伦敦地区大麦种植面积只占谷物总播种面积的13%，到1375—1400年却上升至23%。

相比清淡的啤酒，著名的烈酒"威士忌"同样以谷物为原料，经麦芽糖化、发酵、蒸馏而得，其区别只是省略了啤酒花，发酵后的酒醪经蒸馏至酒精含量为60%～70%，高者则达80%～83%。制成之后的威士忌还要在橡木桶中熟陈至少两年。世界各地的威士忌选用不同的谷物原料，如美国用玉米或黑麦，加拿大用玉米、小麦、黑麦。但有趣的是，在传统观念中，许多人却认为威士忌是以大麦为原料酿造。

这可能是英国的苏格兰威士忌声名在外的缘故。苏格兰小说家托比亚斯·斯摩莱特在他的《汉弗莱·克林克历险记》中曾写道："（苏格兰）高地人拿威士忌来款待自己。这是一种跟荷兰杜松子酒一样烈的麦芽酒。他们会大口痛饮，一点醉意都不流露出来。"

为了反对进口杜松子酒，支持本土麦芽酒而创作的版画。
威廉·霍加斯，1751 年

在过去很长时间里，地理位置偏北的苏格兰的主要农作物只有燕麦和毕尔大麦（一种六棱大麦）。其中燕麦主要用于食用，毕尔大麦就被用来蒸馏威士忌。与现在的情况不同，早期的苏格兰基本没有商业蒸馏厂，威士忌可以看作一种农副产品。农民在农闲时蒸馏威士忌，一方面是为了饮用，另一方面也是为了解决粮食储存问题，防止粮食霉变，再加上蒸馏所剩的糟粕仍然可以用来喂牲畜，刚好解决冬季饲料短缺的问题。毕尔大麦的蛋白质含量较高，淀粉含量较低，虽然出酒率不高，但产生的糟粕仍含有大量蛋白质，可以作为家畜过冬的饲料。毕尔大麦还有一个优势是谷壳较厚，在仓库中不容易霉变，适于保存。这样一来，大麦就成了苏格兰威士忌最重要的谷物原料，也造成了人们对威士忌的刻板印象。实际上，如今，随着交通技术的发展、各国之间联系的紧密，威士忌的原料已逐渐脱离了产地的限制。在今天我国的标准《威士忌》（GB/T 11857-2008）里，除了大麦（青稞）之外，谷物威士忌的原料还包括黑麦、小麦、玉米及燕麦。但无论如何，作为酿造啤酒和威士忌的重要原料，今天的大麦依然在人类的饮食文化中发挥着至关重要的作用。

第二章

佐味调和

茶叶：纯正"中国血统"的世界级饮料

茶是与可可、咖啡并称的世界三大（无酒精）饮料之一，而且，它也是其中唯一具有纯正"中国血统"的世界级饮料。一个不容置疑的事实就是——中国是茶的故乡，因此全世界语言的"茶"的发音都来自汉语。实际上，茶叶和饮茶的习惯通过"海上丝绸之路"与"陆上丝绸之路"两条路线传至国外。因此，世界语言中关于"茶"的发音有两大体系，凡是从海路传播的都来源于福建沿海地区茶园的闽南话，如英语、法语、德语、荷兰语中的 tea、thé、tee、thee；反过来，从陆路传播出去的则来源于北方话，比如在俄语里，"茶"的发音是"**чай**（chay）"。

南方嘉木

中国是茶（叶）的故乡。唐代的陆羽在《茶经》里说："茶者，南方之嘉木也。"茶树属山茶科茶属，全世界已发现的共

100余种，在中国就有60种以上，其中以云南省为最多。云南地处北回归线附近，属亚热带雨林带，地势高峻，山峦起伏，由于低纬度和高海拔的交互影响，具备寒、温、热三种气候，温暖湿润的气候条件适宜茶树生长，因而也就成为茶树的起源中心。1959年，科研人员在云南勐海县南糯山密林中发现三株两人抱不拢的野生大茶树。其树大如槐，叶大似掌，枝叶繁茂，姿态雄伟。估计树龄长达千年，当地称之为"茶树王"。

云南勐海，贺开村古茶园一株树龄达1400年的古茶树。

古代中国人也是世界上最先认识到茶叶妙处的。在远古时代就有"神农尝百草,日遇七十二毒,得荼(茶)而解之"的传说。《神农本草经》记载,茶树"生益州川谷山陵道旁,凌冬不死,三月三日采干。"这些记载都表明,早在几千年前,古代中国人就已经发现茶树并加以利用了。

最初,古人大约是"食茶"而非"饮茶"。直到今天,在云南澜沧江中下游两岸仍存活着相当数量的大叶种野生及栽培型茶树群落。当地先民早已采摘茶叶,主要是供佐食,也以为药物。如今西双版纳基诺族的"凉拌茶"(也叫"生水泡生茶")、布朗族的"酸茶"以及哈尼族、拉祜族的"烤茶",都可以看作上古食茶习俗的遗留。

随着时间的推移,人们从野生茶树上采下鲜叶,直接煮成羹汤品饮,其味苦涩,故称"苦荼"。其功效在东汉的《神农食经》里有记载:"苦荼久服,令人悦志。"东晋时期的郭璞(276—324年)在注释《尔雅》时也指出:"树小如栀子,冬生叶,可煮作羹,今呼早采者为茶,晚取者为茗,一曰荈。蜀人名之苦茶。"由此可见,在实践中,广大古代劳动人民掌握了茶叶生产知识,不断改进生产技术,又经过历代文人的总结,使种茶技术日臻完善。

至于茶树起源地的滇南一带，又是何时从"食茶"演化成"饮茶"的呢？传说这与诸葛亮有关。清代《滇海虞衡志》里就记载："云茶山有茶王树，较五茶山独大，本武侯遗种，今夷民祀之。"225年，诸葛亮"五月渡泸，深入不毛"，以其宽大的怀仁之心和安抚政策收服了云南边疆各族人民。当地百姓出于对诸葛亮的顶礼膜拜和对蜀汉的真诚归顺，将发现并利用茶树的功劳归于他，敬奉其为"茶祖"。哈尼族和其他少数民族每年农历七月二十三日诸葛亮诞辰这天，都要举行"茶祖会"，祭祀诸葛亮。

遗憾的是，历代史家翻遍古籍，也不曾找到诸葛亮到过普洱一带的确凿记载。"孔明兴茶"可能只是后世劳动人民一种善良的附会。但茶业在滇南兴起的时间，的确相当久远。1957年，云南省茶叶研究所第一任所长蒋铨及西双版纳州农技站等有关单位人员实地访问，发现南糯山上的一棵人类栽培型古茶树，其历史据考证已超过800年。据当地哈尼族居民所言，他们的先民在55代之前迁徙到南糯山时，山上已有迁走的蒲满人（即南诏时期的朴子，今布朗族的先民）遗留下的大片茶园了。这株高龄的"茶树王"终因年老体弱多病,于1994年12月初冬枯倒寿终,但它作为我国栽培型古茶树王的辉煌,将永载茶史。

不过,在诸葛亮所处的三国时期,长江流域已有饮茶的记载。三国时期吴主孙皓宴会群臣,以茶代酒,这是最早见于正史的饮茶记载。但当时的北方社会还没有饮茶的习惯,甚至将"茗饮作浆,呷啜莼羹"与"自呼阿侬,语则阿傍"一样当作吴人的特征。譬如任瞻随晋室南渡后,"王丞相(王导)请先渡时贤共至石头(指建康,今南京)迎之",一入席就端上茶供饮,任瞻不知茶为何物,便忙问:"此为茶,为茗?"吴地士族听了这句外行话,颇觉可笑。因为"茶"和"茗"其实是一回事。任瞻一看情况不妙,连忙改口说:"不,不,我刚才问的是,所饮是热的还是冷的?"结果引起一场哄堂大笑。

尽管如此,茶叶北伐的步伐仍然势不可当。就在《洛阳伽蓝记》成书的北齐年间(550—577年),饮茶在北朝上层社会已经兴起,成为文人生活的一部分。最终,到了南北统一的隋唐年间,南方所产之茶经由大运河,大量销往北方,饮茶风靡大江南北。封演在《封氏闻见记》一书中记述他目睹河北、山东等地的饮茶盛况,所谓"自邹(今山东兖州)、齐(今山东益都)、沧(今河北沧州)、棣(今山东惠民县),渐至京邑,城市多开店铺,煎茶卖之,不问道俗,投钱取饮。"758年,世界上第一部关于茶叶生产的著作《茶经》问世,系统而全面地论述了栽茶、制茶、饮茶、评茶的方法和经验。作者陆羽也被后人尊称为"茶圣"。

顺便提一句,也正是在大唐盛世,饮茶的习俗传入一衣带水的东邻日本。在中国留学的遣唐使们在此过程中显然扮演了"中介"角色。在中国期间,饮茶已成为他们生活的一部分,回国时将茶叶带回并在故乡推广普及实在是顺理成章的事情。日本学者认为,很可能在天平时代(710—794年),至少是在奈良时代的末期,作为唐朝文化一环的吃茶,就已传入日本了。当时的日本茶很珍贵(全进口),只在重大国事和佛事时才蒙恩赐。日久天长,对茶的尊崇就演变成了神圣的仪式,也就是所谓的"茶道"。

1587年,统一日本的丰臣秀吉(1537—1598年)在日本京都北野天满宫举行了"北野大茶会"。只要热爱茶道,无论武士、商人、平民百姓,只需携茶釜(茶具一种,煮水的壶)

日本浮世绘大师水野年方创作过关于茶道的一组木刻版画《茶道日课》，此幅描绘的是主人为客人点浓茶。此过程中，点茶、奉茶、饮茶各步骤都十分讲究。

一只、水瓶一个、饮料一种，即可参加这次为期10天的大茶会。这场完满的盛典也标志着丰臣秀吉统治的"桃山时代"极盛时期的到来。换言之，茶叶变成了太平盛世的一个象征符号。

茶马之路

茶叶在东渡扶桑的同时，也从中原向周边传播。生活在中原北方与西北的游牧民族以畜牧经济为主，因此在饮食上有着"食肉饮（乳）酪"的鲜明特征。在历史上，乳制品在游牧民族食谱中的重要性不亚于肉食。中世纪的伟大旅行家马可·波罗在其游记中谈及13世纪蒙古人的食物时就说"他们通常的食物是肉和乳"。具体而言，就是"冬则食肉，夏则食乳"，当时的西方旅行者注意到，蒙古人在夏秋两季主要食用乳制品，几乎不吃肉，"在夏季，如果他们还有忽迷思即马奶的话，他们就不关心任何其他食物"，"如果有马奶的话，他们就大量喝它"。

对此，《洛阳伽蓝记·报德寺》里也有记载。南北朝时期，北魏孝文帝请臣僚王肃族吃饭时，酒席之间也问了这么一句"茗饮何如酪浆？"王肃出身江东名门琅琊王氏，后来因政争投奔北朝。身为降臣，寄人篱下，自然只能找孝文帝顺耳的词儿回答，"唯茗不中（"中"做"好"解），与酪作奴"，用来迎合鲜卑贵族以饮茶为耻的优越感。而这个典故，也是茶的别称"酪奴"的由来。

不过，随着时间的推移，即便是"只识弯弓射大雕"的草原民族，也逐渐发现了茶叶的妙处。游牧民的饮食结构，因以肉乳食品为主食，遂显得过于油腻。而茶叶中所含的芳香化合物正好溶解脂肪，去滞化食。此外，草原上缺少蔬菜、水果及其中所含的矿物质和维生素，需要以茶替补。所以明朝人就评价道，对于逐水草而居的游牧民族而言，"食茶如中国人民之于五谷，不可一日无者。"昔日乳酪的拥趸逐步也成为了香茗的粉丝，甚至到了"一日无茶则滞，三日无茶则病"的地步。中原民族视为生活调剂品的茶叶，对于草原民族就像盐巴一样，成为了不可或缺的生活必需品。

于是就有了"茶马互市"与"茶马之路"。为什么会是茶马互市呢？明初的大才子解缙（1369—1415年）在《送习贤良赴河州序》里有一番见解，在他看来，番人认为中国货中最好的就是茶，好比古人认为夷番货中最好的就是马一样，茶之于夷人，如同酒醴之于中国人一般。西、北高寒，多以肉食。"以其腥肉之食，非茶不消，青稞之热，非茶不解。"茶不仅可以有效促进动物脂肪分解，而且可以补充当地日常饮食中所缺少的果蔬营养成分，自然受到他们的青睐。

譬如，生活在新疆的维吾尔族、哈萨克族人就嗜好砖茶。光绪五年（1879年），收复新疆的左宗棠在其《覆陈边务折》中说："惟南疆吐鲁番八城缠回（指维吾尔族人），见砖茶则喜"。在寒冷的高原上，暖和而又营养丰富的奶茶俨然是一种生活里的刚需。这些砖茶出塞之后，其地位与影响远远超出了饮料范畴。一些进入蒙地的内地商人除用米、布直接易皮毛以外，其余杂物均以砖茶定其价值。砖茶有"二四""二七""三九"之别。所谓"二四"者，即每箱可装二十四块砖茶，价值约三十三银圆，每块砖茶重五斤半，价值一元二三角；"三九"茶则每块约价值六角，当作一元币通行。有时，商人深入更偏僻地区，便可以用较少的茶，换取较多的畜产品。以一块砖茶换一只羊或一头牛的事屡见不鲜。实际上，易于携带的砖茶承担了货币的角色。"那些想要穿过蒙古的旅行家，都必须随身携带一些砖茶。砖茶在蒙古，就好像硬币和钞票在欧洲一样。"之所以这样说，是因为"在蒙古，游牧民族很少用钱币，他们的帐篷、衣服、食物和庙宇都是由他们所畜的牛羊供应的,因为砖茶有普遍的需要,所以它成为一种价值的标准和便于交换的通货"。

至于"茶马古道",源自作为茶叶产地的云南的复杂地形。地处西南边疆的云南地区,地处青藏高原下降地带和云贵高原中心部位,山区面积占云南全省的94%,到处群山连天,峡谷深切,江河纵横,因此云南自古以来就以交通闭塞著称。在这种恶劣的自然条件下,"马帮"这种特殊的运输方式应运而生。马帮是古代云南地区运输的主要力量,包括马和牛两种运输工具,他们从普洱府(普洱茶的产地与集散地),将天下闻名的普洱茶运往各地,再将各地的马、牛及各种物产运回云南。

正是马帮为历史留下了一条滇藏之间的茶马古道。茶马古道可以说是世界上最高、最壮观、最险峻及环境最为恶劣的古道。整条滇藏茶马古道穿行在河谷深切、沟壑纵横、群山密布的区域,从滇西南产茶地到滇西北、藏东南地区的集散地,群山峻岭中的古道通行难度逐级增加,百步九拐,崎岖难行。其通行的难度之高在世界上各文明古道中无出其右。清人焦应旂的《藏程纪略》对茶马古道之险峻崎岖有一段生动的描述:"坚冰滑雪，万仞崇岗，如银光一片。俯首下视，神昏心悸，毛骨悚然，令人欲死……是诚有生未历之境，未尝之苦也。"

普洱茶正是经由这条茶马古道输入了藏族地区。藏族人民对饮茶的热爱，是其他任何爱好都无法比拟的。藏族饮茶方式主要有酥油茶、奶茶、盐茶、清茶几种方式，其中酥油茶是最受欢迎的饮用方式，一般的藏族家庭一天至少要饮三次茶，有的甚至多达十几次。无论任何时候，藏族人民招待客人首先端出来的就是茶，送的礼物第一项就是茶叶和哈达，购买东西首先要买的就是茶，出外旅行必带的也是茶，繁重的家务中最重要的是煮茶。总之，藏族人民的生活每时每刻也不能离开饮茶。藏语里甚至有一句谚语，称作"呷（即'茶'）察热、呷霞热、呷棱热"，也就是"茶是血、茶是肉、茶是生命"。

可是，从地理环境来看，藏区酷寒的高原气候根本不适宜茶树的生长，所以所有的茶叶消费长期依靠四川的茶叶供给。然而在明清之交，因遭受战乱破坏，四川运销西藏之茶大幅度减少。于是滇茶北上，以云南茶叶与西藏交易马匹。雍正二年（1724年），清政府对丽江木氏土司"改土归流"，彻底打通了在明代长期阻塞的滇藏之间的贸易通道，使云南的茶叶顺利运往西藏。乾隆十三年（1748年）实行茶引制度后，官府每年颁发三千引，由丽江府按月发给茶商，再由茶商赴普洱府收购茶叶，运到中甸（今香格里拉市）与藏族居民交易。

普洱茶外形紧结，内质细嫩，味纯回甘，香高耐泡，非常适合藏族民众的口味。藏族居民长期饮用，遂形成对普洱茶的偏爱。因此有"藏族居民非车佛茶不过瘾"之说。"车"指车里（景洪）、"佛"指佛海（勐海），"车佛茶"就是普洱茶。从康熙到咸丰年间，在两个世纪的时间里，藏销普洱茶每年均在1000吨以上，最高时达2500吨。清末虽然一度减少到200多吨，但到了民国时期，由于从勐海经缅甸、印度到西藏运输线路的开通，藏销普洱茶先运到缅甸的景栋上火车，然后到仰光上船，再到印度加尔各答上火车，经过大吉岭，然后抵达拉萨。其销量很快恢复到每年1000～2000吨。藏族商人每年自农历九月至次年春赶马到丽江领茶引赴普洱贩茶。从丽江经景东至思茅，马帮结队，络绎于途。近人谭方之记述，"滇茶为藏所好，以积沿成习，故每年于冬春两季，藏族古宗商人，跋涉河山，露宿旷野，为滇茶不远万里而来……而普洱茶尤为日常嗜好"。这对促进各民族交流，密切各民族之间的关系，

云南怒江傈僳族自治州雾里村是茶马古道上一个宁静的小村庄。

维护民族的团结和国家统一都曾起过重要的作用。一如藏族英雄史诗《格萨尔》所言："汉地的货物运到博（藏区），是我们这里不产这些东西吗？不是的，不过是要把藏汉两地人民的心连在一起罢了。"

万里茶路

实际上，通往塞外游牧地区的茶叶贸易路线在近代进一步往前延伸，最后抵达圣彼得堡。这座城市以彼得大帝为名，之后也成为俄罗斯帝国的首都，是一个面向欧洲的桥头堡。如今，茶叶据说是俄罗斯最受欢迎的家庭饮料。俄国人认为茶叶具有舒心、提神、醒脑、养气、去闷和解忧的功效，在工作之余，喝上一杯茶可以消除疲劳、恢复精力。在俄罗斯几乎人人喝茶，按人口计算的茶叶消费量可以排到世界前列。

说起来，俄罗斯的前身莫斯科大公国原本是个欧洲国家，为什么俄罗斯人会变得酷爱饮茶呢？这与历史上俄国人与东方的接触有关。这方面的一个证据就是，在茶具使用上，俄国人习惯用一种带有支架和把手的热水壶煮茶，这种制茶方法与中国主流饮茶时的泡茶方式不同，但与蒙古地区饮用洞砖茶时的泡茶方式相近。

从历史上看，1638年，一个俄国使团奉命出使喀尔喀蒙古阿勒坦汗（鄂木布额尔德尼）。如前所述，蒙古人当时已经热衷饮茶。于是阿勒坦汗就用茶招待了客人，还向使节回赠了200包，共达4普特（约64千克）的茶叶。起初，从来没见过茶叶的使节打算拒绝这些闻所未闻的礼物——因为他们不知道被放入其中的是树叶还是草叶，好在最后他们还是收下了，这也成为茶叶进入俄国的开始。

这种神奇的饮料让俄国人感到惊奇。为此，1675年受沙皇派遣来到中国的俄籍希腊人尼古拉·加甫里洛维奇·米列斯库在出使报告里甚至详细记载了中国的茶叶："那些叶子长时间保存在干燥的地方，当再放到沸水中时，那些叶子重又呈现绿色，依然舒展开来，充满了浓郁的芬芳。当你习惯时，你会感到它更芬芳了。中国人很赞赏这种饮料。茶叶常常能起到药物的作用，因此不论白天或者晚上他们都喝，并且用来款待自己的客人。"随着对茶叶认识的深入，中国茶叶从贵族阶层向下扩散，逐渐在普通的俄国人中传播，终于使得俄罗斯人形成了全民族的饮茶习惯。

俄国位于亚欧大陆的北部，气候条件完全不适合茶叶种植，所需茶叶自然需要从中国进口。18世纪前期之后，俄国得到茶叶的地点是恰克图。此地位于色楞格斯河与鄂尔浑河交汇处，北距俄国西伯利亚重镇伊尔库茨克仅100千米；向南150千米即是喀尔喀草原上最大的城市库伦（今乌兰巴托）。1727年，中俄签订《恰克图界约》，规定两国以恰克图河为界，分为南北两市，河北划归俄国，河南中国境内部分称为"买卖城"。恰克图和买卖城的商人可以自由往来，不受限制。中国的商队到买卖城去，一般自每年9月下旬始，至同年11月止。因为11月份天气已很冷，塞北的雪早已飘飘洒洒地下来了。冬季到来之后，货物也已到齐，双方商人的交易就开始了。

行进中的运送茶叶的骆驼商队。
米克洛斯摄，1909年

从地理上看，俄国的远东地区与清朝毗邻。所谓近水楼台先得月，当地人最早养成了饮茶的习俗。"18世纪末以前，俄国市场上消费中国茶的主要是西伯利亚居民。输俄茶叶以砖茶为主，西伯利亚人混以肉末、奶油和盐饮用。""涅尔琴斯克（即尼布楚）边区的所有居民，不论贫富、年长或年幼，都嗜饮砖茶。茶是不可缺少的主要饮料。早晨就面包喝茶，当作早餐。不喝茶就不去上工。午饭后必须有茶。每天喝茶可达五次之多，爱好喝茶的人能喝十至十五杯，无论你走到哪家去，必定用茶款待你。""砖茶在外贝加尔边区的一般居民当中饮用极广，极端必需，以致往往可以当钱用……在出卖货物时，宁愿要砖茶而不要钱，因为他确信，在任何地方他都能以砖茶代替钱用。"

随着俄国人对饮茶嗜好的加深，对茶叶的需求与日俱增。在恰克图—买卖城的贸易中，茶叶扮演着越来越重要的角色。进入十九世纪后，西伯利亚总督斯波兰斯基甚至说过这样的话："俄国需要中国的丝织品已经结束了，棉布差不多也要结束了，剩下的是茶叶！茶叶！还是茶叶！"因此，茶叶成了恰克图（买卖城）贸易的中心。"无论对于西伯利亚，还是俄国欧洲部分，茶叶都成了必需品，西伯利亚和莫斯科商人都投入茶叶贸易。到19世纪初，中国对毛皮需求开始缩减，而茶叶输入额几乎增长了5倍：1750年运来7000普特茶砖和6000普特白毫茶，1781年运来这两种茶总计24000普特。"而在中国输往俄国的全部商品出口额中，1802—1807年茶叶占42.3%，1841—1850年已经上升到了94.9%。"由于恰克图茶是从中国进口的主要商品，所有其他贸易都是跟着它转。""中国的茶叶变成了真正是俄国的第一需要的商品时"，"换回茶叶，这是（恰克图）交易的首要目标"。

进入俄国境内之后，经恰克图转销的砖茶向西可以到达西伯利亚的伊尔库茨克与乌兰乌德，再经过新西伯利亚、秋明、叶卡捷琳堡、雅罗斯拉夫、莫斯科等城市，最终可抵万里之外的圣彼得堡。一路之上，运力耗费相当惊人，以骆驼队为例，俄方有关部门曾有过估计："根据运抵恰克图的茶叶和商品的数量来估计，大约投入了一万头骆驼，而靠这些骆驼在11月至翌年2月底所运抵的白毫茶达7万箱，其余3万箱商品视道路的情况（是否泥泞），往往在当年年底前就运抵。"时间成本也同样惊人。茶叶从中国南方茶源地的种植者到达俄罗斯消费者手中,需要辗转一两年。即便如此,俄国人仍旧感叹,"输入俄国的茶叶在味道上和质量上,比从广州运到欧洲的茶叶好多了。这两种茶叶也许原来一样的好。但是,据说经海洋运输大大损害了茶叶的香味"。

红茶风尚

对于这番话,英国人和其他从海路得到茶叶的欧洲人大约是不会苟同的。说起来,至迟到13世纪,中世纪的欧洲旅行家就已经来过东亚大陆,但他们对于茶叶几乎一无所知,"从茶叶发现后的一千年间的中西交流上看,关于茶叶的种植和饮用在16世纪以前没有传到欧洲是一件十分奇怪的事情。"

最早一批提及茶叶的西方文献要晚至大航海时代之后才出现。1565年,意大利传教士路易斯·阿尔梅达从日本寄回国内的信件中提到:"日本人非常喜欢一种药草——茶。"同一时期的著名来华传教士利玛窦也在他的日记里记载,有一种灌木,它的叶子可以煎成中国人、日本人和他们的邻人叫作茶(Cia)的著名饮料。东西方海上交通线通过"海上丝绸之路"

建立之后，茶叶随即传入了欧洲。1596年，荷兰人开始在爪哇开展贸易。大约在1606年，第一批茶叶已运到荷兰，这被认为是茶叶第一次作为商品出口到欧洲。近代学者在荷兰东印度公司的档案里发现了一封信，是该公司的职员威克汉（R.Wickham）于1615年6月27日在日本写给在澳门的同僚伊顿（Eafton）的，他在信中要"一包最纯正的茶叶"。档案里还有一封东印度公司的17个主管写给殖民地总督的信，日期是1637年1月2日，信里面说，"因为茶开始被一些人接受，我们所有的船舰都期待着某些中国的茶叶能和日本的一样好销"，显示此时饮茶的风气已在欧洲形成。

不久之后，饮茶之风已传到英国。有意思的是，英国最早的茶叶是在咖啡馆里出售的：咖啡两便士；巧克力与茶半便士；还有一便士一袋的香烟，报纸免费阅读。最初对于英国人而言，茶是一种神奇的、包治百病的，具有浓厚异国情调的饮料。1664年，东印度公司送给国王查理二世的礼物不是什么珍禽异兽，而是一小包"贵重的茶叶"和一点肉桂油。进入18世纪以后，喝茶已经从英国上流社会一种时髦的奢侈，进入大多数英国人的日常生活。

在保守的卫道士看来，一种略带苦涩味道的树叶竟让整个国家为之倾倒，这绝不能接受。在茶叶刚进入英国时，有人就声称"最虔敬的基督教徒不能染上这种不洁的饮茶恶习"。1756年，伦敦商人汉威在《论茶》一文里危言耸听："茶危及健康，妨害实业，并使国家贫弱。茶为神经衰弱、坏血病及齿病之源。"但是，此时的茶叶已经在英国站稳了脚跟，因为它的好处实在是无可辩驳，如同英国作家约翰·奥维格顿（Joha Ovington）所言："欧洲人习惯了饮酒，但这只能损害了人的健康，相反，饮茶却能使人头脑清醒，使酒鬼恢复理智。"在18世纪末，英国人均每年消费的茶叶已经超过两磅，年茶叶的总消费量达到2300万磅。英国人已经离不开茶了，以致国会下令东印度公司必须经常保有"一年供应量的存货"保证国内的"茶叶安全"。

此后，在"日不落帝国"的鼎盛时期，红茶成为英国上流社会不可缺少的饮料。渐渐地，饮用红茶演变成一种高尚华美的红茶文化，英式红茶也最终成为西方茶文化的象征。而英国在向全球扩张的过程中，也把自己的饮茶风尚推广到了殖民地。在20世纪初，阿拉伯帝国古都巴格达的人们还未见过茶叶，但今天，喝茶已是伊拉克人日常必不可少的习惯。伊拉克不生产茶叶，茶叶需求完全依靠进口满足。20世纪初，伊拉克茶叶年进口量仅以百吨计，半个世纪后的50年代已突破万吨，60年代又增至2万吨左右，70年代突破3万吨大关，80年代以后甚至达到4至5万吨的高位。此时，伊拉克平均每人年消费茶叶已达2千克左右，饮茶迅速取代了咖啡，成为伊拉克人生活的一部分。伊拉克人饮茶喜欢热饮，方法是在红茶中加白糖一起煮，老幼皆宜。同样的转变也发生在人口最多的阿拉伯国家——埃及。甜茶在埃及非常盛行，埃及人接待客人时，经常会端上一杯加了许多白糖的热茶。

甚至并非英国殖民地的土耳其，在凯末尔（1881—1938年）的欧化改革后也接受了茶叶。原本同阿拉伯人一样，土耳其人素有饮咖啡的习惯。浓香的土耳其咖啡颇具特色，对许多人都很有吸引力。可是20世纪中期以后，茶叶这种物美价廉的天然饮料很快就受到广泛欢迎，日渐取代了咖啡的地位。虽然从茶性上讲，气候炎热的中东地区并不是红茶最适合的饮用场合，土耳其人却也和阿拉伯人一样热衷喝红茶，并加上白糖。

海上茶路

不言而喻，近代热衷饮茶的西欧国家都需要从中国进口茶叶。早期的欧洲茶叶市场几乎完全被荷兰人垄断，所运茶叶除荷兰本国消费外，还转卖到欧洲其他国家和北美殖民地，荷兰首都阿姆斯特丹因之成为欧洲的茶叶供应中心。中国是茶叶的唯一产地，与丝绸和瓷器一样，早期的中荷茶叶贸易主要是经巴达维亚（今印度尼西亚首都雅加达）进行的间接贸易，即由中国商人将茶叶等中国商品运往巴达维亚，再由荷兰人运往欧洲。在每年的12月份，福建南部的中国商人利用北季风下海，经历28天的航行后帆船便能抵达巴达维亚，"中国帆船的到来给这座城市增添了明亮的色彩"。特别是康熙皇帝开放海禁后，中国商船到达东南亚的数量明显增加，从1690—1718年，平均每年有14艘中国商船驶往巴达维亚。荷兰人购买茶叶后一般由公司专门派出的"茶船"（tea ship）装茶，并在2月或3月离开巴达维亚前往欧洲，以适应荷兰市场在十一二月销茶。

进入 18 世纪，中荷茶叶贸易的规模进一步扩大。1729 年荷兰东印度公司开始直接派船到广州购买茶叶。实现这一次处女航行的荷兰商船科斯霍恩号（Coxhort）载着价值 30 万荷兰盾的白银在 1729 年 8 月抵达广州。第二年返航时，共运回茶叶 27 万磅，丝绸品 570 匹以及陶瓷等物。货物脱手后，扣除各种费用，净得利润 32.5 万荷兰盾。超过 100% 的惊人利润率自然也引来了欧洲其他国家的觊觎。一时间，效仿荷兰东印度公司（Dutch East India Company）的同名组织纷纷成立，英国有东印度公司、法国有东印度公司，甚至远在北欧的丹麦和瑞典也各自成立了一家东印度公司。

以英国东印度公司为例，其商船会从英伦三岛出发，向南行进，绕过好望角，然后根据商业活动的需要，在进入太平洋后或者直接穿越巽他海峡，到达中国；或者是首先到达印度，然后穿越马六甲海峡而抵达中国。在极大地缩短这一航程的苏伊士运河于 1869 年开通之前，这条路线是英国——甚至所有的西欧国家——同中国进行贸易的最为重要的线路。1739 年 3 月 11 日，东印度公司的商船"霍顿号"离开斯皮特黑德（Spithead），它于当年 7 月 27 日到达广州黄埔港，完成了一次快速航行,"我们从朴次茅斯来此处,航行的水程表为15689海里,包括直线通过巽他海峡,邦加岛(Banca)到这条江(指珠江),为期138天"。

在广州,除了茶叶之外,英国东印度公司还搭配着购入瓷器与西米,使三者在装载上成为最为合理的搭配组合:瓷器质量较重,同时又不怕潮湿,所以,大班将其作为压舱物,放在船舱的最底层;这样不仅能够保证船只航行时保持稳定,同时也能为箱装茶叶防潮。茶叶质量较轻,同时需要防潮,所以放在上面;这样既能保证船只的重心较为靠下,同时也能保证茶叶的质量。西米则用来填充瓷器中间的间隔,"尽量把瓷器的空处填满",这样能够避免瓷器互相碰撞,防止由于颠簸而造成瓷器破损,从而造成不必要的损失。

至于因2006年来华访问而声名大噪的瑞典仿古帆船"哥德堡"号的前身则是一艘从事中国—瑞典贸易的瑞典东印度公司商船。1745年9月12日,作为瑞典东印度公司最大的一艘远洋大船,"哥德堡"号从广州贸易归来,船上装载着大约700吨的中国物品,包括366吨茶叶、瓷器、丝绸和藤器。当时这批货物如果运到哥德堡市场拍卖的话,估计价值2.5至

2.7亿瑞典银币。不幸的是，在距离哥德堡港口不到1000米的地方，"哥德堡"号触礁沉没，人们从沉船上捞起了30吨茶叶、80匹丝绸和一些瓷器，在市场上拍卖后居然还足够支付"哥德堡"号这次广州之旅的全部成本，甚至还能够获利14%。从利润率角度而言，东印度公司称得上是迄今瑞典历史上盈利最高的企业，还没有一家公司能够打破它创造的盈利纪录。

从原始哥德堡号货物中发掘出的瓷器物品。现收藏于瑞典哥德堡海事博物馆。
W. 卡特 摄

这个故事在200年后居然还有下文。1984年，瑞典的民间考古活动找到了"哥德堡"号的残骸，一系列海底考古发掘工作随之展开。到1996年，大量茶叶、瓷器、丝绸等物品被打捞上来，其中就有300多吨茶叶。令人啧啧称奇的是，这些茶叶埋藏海底两个半世纪，竟然没有氧化，打捞上来后，其中一部分仍能饮用。有人分析，这是因为茶叶装在厚达1厘米的木板制成的木箱里，箱内先铺一层铅片，再铺盖一层外涂桐油的桑皮纸，内软外硬，双层间隔，紧紧包裹在里面的茶叶极难氧化。1997年4月，中国国务院副总理吴邦国访问瑞典时，宾主就曾品尝过这批珍贵的古茶。另外，位于浙江杭州的中国茶叶博物馆内便陈列着一包由瑞典驻华外交官特地赠送的"哥德堡"号上的中国古茶。

各国东印度公司竞争的结果，是英国东印度公司胜出。原因也很简单，倚仗英国海军的海上优势，英国东印度公司极力排斥欧洲大陆其他国家的对华茶叶贸易，力图成为中国茶海外市场，尤其是欧洲市场的唯一代理商，从而独享茶叶贸易的商业利润。1721年贸易季度，英国东印度公司训令派往广州的随船管理会"不惜用任何代价，一定要使那些闯入者的航运不利"。为此，东印度公司在派往广州的船只上增派士兵，以便在沿途阻挠竞争者使之误失航期。

到18世纪80年代后期，英国东印度公司"从其他欧洲各国手中夺回茶叶贸易的措施已经收到预期的良好效果"，茶叶贸易额增加至少达两倍。对于最大的竞争对手荷兰，英国东印度公司训令随船管理会一旦遇到荷兰船时立即"捕获"，"如果他们抗拒，即予破坏"。1783年，3艘使用普鲁士旗帜的荷兰商船前往广州，结果其中2艘在往返航程中相继失踪。荷兰东印度公司从此一蹶不振。大约与此同时，在英国东印度公司的排挤下，法国东印度公司也在1795年陷于破产。除了美国尚在茶叶市场上占有一定份额之外，英国东印度公司如愿以偿，垄断了中国的茶叶出口。1800年，英国进口的茶叶已达23万余担，占西方进口茶叶总量的77%，直到东印度公司对华垄断权终止的1834年，一直保持在这一水平。

实际上，在英国东印度公司对华贸易史上，中国茶叶是其商业王冕上最贵重的宝石。1792年9月8日，英国东印度公司在写给访华的马戛尔尼的指令中曾明确指出："由中国输入或公司最为熟悉的商品为茶、丝、棉织品、丝织品（对于这一项我们无须多言）以及陶瓷器，在这些商品当中，第一项最为重要，数量也最为巨大。"

茶叶战争

在东印度公司获取丰厚的茶叶贸易利润同时，茶叶对于英国财政也至关重要。"英国政府从茶叶上获得的利润几乎和东印度公司获得的一样多"，"如果没有中国的茶叶，英国工业革命的车轮便无法转动"。茶叶贸易长时间以来一直是英国政府最大的税收来源。到1784年大规模下调茶叶税前，茶税竟高达120%。由此可见，茶税如同英国国库的点金术，为英国经济增添了重要的一笔。在英国东印度公司垄断茶叶贸易的最后几年，从中国来的茶叶带给英国国库的税收平均每年达到330万英镑，占国库总收入的10%左右。因此，茶叶被称为"绿色黄金"，英国政府也满意地宣布，"政府的利益同（东印度）公司的利益是一致的。而且，政府已经找到一个简单办法，可获取80万英镑到90万英镑的税收，用来发展东方的殖民地及商业利益，同时还可保证其臣民的茶叶供应"。

值得一提的是，1773 年 5 月，英国政府通过了《茶税法》，授予英国东印度公司专营权。这一法案隐藏的目的是迫使北美殖民地居民为每磅茶缴纳 3 便士的税。虽然北美殖民地的税赋仍低于英国本土，可就是这看似微不足道的 3 便士，最后掀起了滔天巨浪。1773 年 11 月 28 日，英国东印度公司运送茶叶的商船停靠在波士顿港码头。12 月 16 日夜晚，示威者登上船，将一箱又一箱的茶叶倾倒进波士顿港。正是这次"波士顿倾茶事件"令英国和北美殖民地的矛盾骤然激化，最终引发美国的独立战争。

相比之下，更大的问题则来自茶叶贸易本身。进入 19 世纪以后，英国东印度公司每年从中国进口的茶叶都占其总货值的 90% 以上。

就在英国的财政及国人的日常生活已经离不开茶叶的时候，突然发现自己面临一个恼人的问题：如何来支付购买茶叶的费用？当时的欧洲产品在华并不吃香：英国输入中国的商品，仅棉花、洋布、钟表等少量产品，价值不抵中国商品的 10%。18 世纪的中国经济建立在手工业与农业紧密结合的基础上，发达的手工业和国内市场使中国在经济上高度自给自足。就像多年之后主持中国海关总税务司多年的英国人赫德总结的那样："中国有世界最好的粮食——大米；最好的饮料——茶；最好的衣物——棉、丝和皮毛，他们无须从别处购买一文钱的东西。"于是，英国人只能非常不情愿地拿硬通货——白银——来交换茶叶。譬如1730年，英国东印度公司有5艘商船来华，共载白银582112两，货物只值13711两，白银的比例居然占了97.7%。从1760年到1833年，英国输入中国的白银总计3358万两，其中至少80%是用于支付购买中国茶叶的费用。

在当时主导西方经济学的重商主义看来，"在价值上，每年卖给外国的货物必须比我们消费他们的为多"，也就是说本国金银在增加，就是好的，如果本国金银在减少，经济一定是糟糕的，这就是所谓"对外贸易中硬通货（白银）净剩余"原则。从这一思想出发，启蒙时代的德国思想家赫尔德（1744—1803年）因此哀叹，"（中国）从商人（指欧洲商人）那儿获得白银，而交给商人成千上万磅使人疲软无力的茶叶，从而使欧洲衰败。"而英国统治者忧心忡忡地看着绿油油的茶叶流进来，白花花的银子流出去的局面，决心找到一种能够用来大量输入中国市场的商品，用以平衡进口茶叶所带来的巨额赤字。

"解决办法终于在印度找到了。"英国为了改变贸易逆差带来的不利状况，同时由于茶叶对英国极其重要——"如果没有茶叶，工厂工人的粗劣饮食就不可能使他们顶着活下去"——在不损害茶叶贸易的条件下，英国人最终选择了一种货真价实的毒品：鸦片。将英国毛纺织品运往印度销售，然后从印度购买鸦片，运到中国出售，最后从中国购买丝茶回英国，即"中国向英国出口茶丝，英国向印度出口棉制品，印度向中国出口鸦片"，使得鸦片作为享乐型的奢侈品，迅速在中国社会普及。

那是真正冰火两重天的世界，英国人喝茶养生的同时中国人吃大烟自戕，正是英国东印度公司将这两个世界连接了起来——东印度公司专门成立了鸦片事务局，垄断印度鸦片生产和出口。鸦片从产地孟加拉沿海路运往广东沿海，在伶仃岛卸货并换成硬通货白银，再由中国商人装上平底大船走私上岸。英国东印度公司将鸦片的销售收入用于支付购买茶叶的款项。经过近50年的时间，每年销往中国的鸦片从2000箱递增到40000箱。截止到林则徐禁烟时，输入中国的鸦片价值约2亿4000万两白银——不但抵消了中国的茶叶出口，更迫使中国的白银逆流英国。对此，英国人自己也直言不讳："鸦片、金属与制造品，是大不列颠对印度与中国进行国际贸易的手段，用来换取中国的茶叶与蚕丝，并且使这贸易均衡，有利于英国。"早在 1807 年，英属印度的总督已经指示手下，原先各地准备运往中国的白银都改运至加尔各答，因为东印度公司广州监委会已有足够财力应付交易。当年，从广州运抵加尔各答的白银达 243 万两。

中国并不是一个白银富国，大量白银的外流随即引起国内的"银荒"。道光初年，每两白银折换铜钱 1000 文，1838 年已经飙升到 1638 文。银价高企只会导致用铜钱折算成白银上缴田赋的广大农民的实际税负骤增，这对于一个农业国而言意味着什么是不言而喻的。猖獗的鸦片走私贸易造成的银贵钱贱，终于迫使清廷下定禁烟的决心，随之发动了林则徐的虎门销烟及大规模禁烟运动。这样，已然形成的英国利益链条被打断了，既然鸦片贸易提供了英属印度政府七分之一的财政收入；既然鸦片能代替白银，维持每年给英国政府提供了 300 万～ 400 万英镑财政收入的茶叶贸易；既然鸦片是英印中三角贸易的基石，英国人最终选择了以战争来恢复它——这就是鸦片战争。

当时的一位善品茶叶的英国人威廉·格拉斯顿勋爵是这样评述这场用武力强迫中国接受鸦片交换茶叶的战争的:"一场从一开始就是非正义的、不择手段的,使英国人蒙受长久耻辱的战争……不列颠的旗帜从此成为保护无耻海盗的旗帜。"

这实在是茶叶的悲哀。

1841年,英国东印度公司的"复仇女神号"(Nemesis)和清军水师的战斗。这艘船在当时率先使用了蒸汽动力,不受风势影响,能入浅水河,对清军水师破坏力极大。

奶茶渊源

通过鸦片战争，英国迫使清政府割让香港岛。随着英国殖民主义向东亚的扩张，下午茶的习惯也打开了中国的大门。香港曾经出现过一句俚语，"三点三，下午茶"。这就是说，每天下午三点三刻的茶叙时间是雷打不动的时段。舒巷城（1921—1999年）在散文《三点三》里就提到："此时也，几大个卡座、桌子的空位，转眼间就给一大群顾客填满了……看看腕表，我才醒悟：这时是建筑行业的'三点三'——下午茶时间。"

说来有趣，中国人讲究的是一杯清茶在手，喝的是那股清新芳香的气味，而英国人的下午茶却要加牛奶和糖，制成奶茶，同时还要佐以饼干、糕点等边吃边喝。至于"奶茶"，追根溯源，其实是游牧民族的发明。他们又是什么时候想到将"奶"和"茶"混在一起的呢？这首先就要提到"酥油"。酥油是一种样子有点像黄油的乳制品。最简单的酥油茶，是在新煮好的滚烫的盐茶中加入小块酥油，稍加搅拌，令其溶化，即可饮用。考究一点的，把烧好的茶水注入酥油茶桶，再丢进份量不等的酥油，再用一有长柄的活塞上下舂捣上百次，即成酥油茶，再倒入壶内，稍行加热，便可随时饮用了。

许多人都知道，酥油茶是一种具有藏区地方特色的饮料，其他地方并不多见，但在元代情况并非如此。元代是蒙古贵族建立的王朝，当时的一本宫廷饮食著作《饮膳正要》里记载了"炒茶、兰膏茶、酥签茶"。例如，"炒茶，用铁锅烧赤，以马思哥油（亦云白酥油）、牛奶子、茶芽同炒成。"以上3种制作茶的方法虽然不同，但有一个共同点：都添加了酥油，也就是借鉴了藏区酥油茶的制作方法。

为什么元代宫廷会效仿藏区煮茶的习惯呢？这与西藏佛教文化在蒙古族上层阶级的传播有关。1270年，元世祖忽必烈就曾封西藏僧侣八思巴为帝师、大宝法王。其影响所及，"百年之间，朝廷所以敬礼而尊信之者，无所不用其至。虽帝后妃主，皆因受戒而为之膜拜。正衙朝会，百官班列，而帝师亦或专席于坐隅"。藏区僧侣既然在元廷有了如此之高的地位，他们喜好酥油茶的生活方式为蒙古贵族们吸收，也就是很自然的事情了。再加上酥油本身就是从牛奶（或羊奶）中提炼出的脂肪，如果省去这道提炼的工序而直接将牛乳与茶叶混合，便是名副其实的奶茶了。无怪乎有学者就此断言，"奶茶大概是从藏族酥油茶演变而来的"。又因为元代宫廷尚未见到"正宗"奶茶的踪迹，它的最终成形应该是明清年间的事情了。

但话又说回来了，流行在北方少数民族中的奶茶，与今日大众文化里的奶茶，还不是一回事。近代方志记载："茶，蒙古人甚嗜之，用必多量，如汉人吃饱饭而方止，其法则与汉人全异。"蒙古奶茶的做法一般是先把砖茶捣碎，放入茶壶或锅内熬煮，然后加上新鲜的牛奶，煮沸以后，用勺频频撩扬，待茶奶交融的同时，通常加少许盐即可。近代俄国探险家普热瓦利斯基（1839—1888年）在蒙古地区所见与之大同小异："煮茶通常用盐水，找不到盐水，他们就在水里加点盐。先用刀从茶砖上砍一块下来，放进臼中捣一捣，接着把茶叶倒到滚水中，加几碗牛奶。"显而易见，往茶里加盐是个常见的调味动作。既然加了盐，这种奶茶的口味自然就是咸的。反观如今市面上的网红奶茶店，其饮品无不以香甜为卖点——以至于注重身材忌讳甜食的女生，往往会选择"无糖""少少甜"乃至"少少少甜"。这与前者的口味大相径庭。

现在的蒙古族传统奶茶一般由蒙砖熬制，再搭配黄油炒过的小米、牛肉干、奶皮子等，煮沸饮用。

如此一来，自然引出了一个问题：奶茶究竟是如何从咸变甜的呢？其实，茶叶流传一地，其饮用方式，不免经历本土化的过程。譬如印度人喝茶，往往会加入香料、牛奶、白糖，其口味就像印度的食品一样浓重，会散发出一种浓郁的调和香料味。而在茶叶传入英国不久，就出现了在茶里加牛奶的做法。1700 年前后，一位名叫罗素夫人（Rachel）的女士在信里就写道,"我见到一种玻璃瓶子用来装倒入茶中的牛奶",这自然就是奶茶是无疑了。英国人在茶里加入牛奶和糖以去掉茶碱,把苦涩的茶水变成适合自己口味的甜饮料——就像他们把来自赤道国家的苦咖啡改造成充满奶香味的甜咖啡一样。据说,英国人甚至针对奶茶的制作顺序做过一个滑稽的研究,结论是应该先加牛奶后倒茶。其实,究其原因是当时平民百姓使用的粗陶茶具质量较差,遇到热水容易破裂,因此先加牛奶可以有效的降低茶水的温度,使杯子不易破裂。另外,当时的茶叶价格比牛奶贵,先加奶还可以减少茶叶的使用量。先加奶还是后加奶其实纯粹是个人喜好而已。

不过,香港毕竟是中国人的土地,即便是英国殖民者饮用的奶茶,地处香港,也不免受东方文化影响,继而顺应本地的文化。英国奶茶传到香港后,就被改良为以"丝袜奶茶"为代表的平民饮品。所谓"丝袜",指的是冲泡奶茶的过滤袋看起来类似肉色丝袜。而现在丝袜奶茶已经成为香港文化的一种符号,在许多港片的人物对白中都有提及。

然而,丝袜奶茶还不能算作如今火遍大江南北的众多奶茶的前身。在世纪之交,曾经火遍长三角地区的海派情景喜剧

《老娘舅》里有个名叫"阿庆"的角色,他有一句口头禅叫做"珍珠奶茶真好喝"。相比丝袜奶茶,这种珍珠奶茶(也叫泡泡茶)与当代奶茶的渊源关系,显然要更近一些。

"珍珠奶茶"最初出现在中国台湾地区。成立于1983年的台中的连锁茶馆"春水堂"声称自己是珍珠奶茶的发明人。20世纪80年代后期,他们将奶茶的配比改为奶少茶多,又将台湾地方小吃"粉圆(甜味淀粉球)"加到奶茶中。这种甜甜又有嚼劲的吃法迅速获得不少消费者喜爱,珍珠奶茶由此得名。

与之前存在的茶类相比,珍珠奶茶的味道比传统的中国茶更好,而传统式样的茶(无论红茶还是绿茶)如同不加糖的咖啡一样苦。通过与牛奶和果汁成比例的进行搭配,珍珠奶茶的味道变得甜美,不同文化背景和年龄层次的人都很容易迅速接受这种饮料的口感。而同典型的英国下午茶比起来,珍珠奶茶提供给消费者更多的口味选择,添加许多种原料,如咖啡、蜂蜜、果汁等,不同消费者总能找到自己喜欢的口味。

于是,这种含有与水果或牛奶混合的茶饮料在中国台湾很快就成为了畅销产品,进而在大陆沿海发达城市(如上海)的西餐厅、咖啡厅一炮而红,使得饮用奶茶逐渐成为一种时髦的生活方式。进入 21 世纪之后，茶叶和现煮珍珠、椰果、仙草等佐料开始被加入到现制茶中，人工现场手摇成为主要的制作方式。由于原料的丰富，这时候的奶茶已经不能用珍珠奶茶四字概括，而呈现出人们熟悉的多样化面貌，或许称为"新式茶饮"更为贴切。

  作为一种严格意义上的新生事物，奶茶这种新式茶饮在茶叶的故乡——中国取得了惊人的成功。有人统计，从 1996 年算起，奶茶仅仅用了 15 年的时间在大陆就超越了咖啡消费量的 5 倍，而咖啡进入中国已经有 100 多年历史了。但从茶叶本身的传播历史看，它先是在农耕与游牧文化的碰撞中完成了与牛奶的融合而成为奶茶，又在远播欧陆完成甜味奶茶的成形之后，再度绕过半个地球回到中国大放异彩。这又何尝不是一个老树开新花的典型例子，以及茶叶这种东方饮料旺盛生命力的证明呢？

大豆：地球上种植最广泛的豆子

  黄豆……种植极繁，始则为蔬，继则为粮，民间不可一日缺者。

——吴其濬《植物名实图考》

古老主食

  今天国人所说的黄豆，实际上是大豆（Glycine max）的一个别称，就像未成熟时的大豆，也叫作毛豆一样。而在中国历史上，大豆有个更加古老的称谓——"菽"。三国年间的训诂学家张揖就在《广雅》里指出："大豆，菽也。"顺便说一句，"豆"字在一开始并不含有菽的意思，而是指食肉器皿。

  因此，许多古书上都称大豆为菽。比如，在我国最早的一部诗歌集《诗经》里，菽字可说是比比皆是。《大雅·生民》是周人赞颂其始祖后稷在农业生产中事迹的诗歌，其中就有"蓺之荏菽，荏菽旆旆"。《小雅·小宛》里也说："中原有菽，庶民采之。"《小雅·小明》则记载："岁聿云莫，采萧获菽。"从这些诗句看，"采菽"大概是指采集野生或半野生大豆种子，"获菽"则是收获栽培大豆的意思。这自然也表明，早在商周时期或者更早的年代，大豆就已经成为当时中原地区的一种重要农作物了。《左传》里还有"不能辨菽麦"的句子，讽刺当时的贵族连豆苗跟麦苗也分不清楚。

实际上，中国正是大豆的故乡。我国古代许多农书里就有关于野生大豆的记载。南北朝时期的陶宏景著《名医别录》里说："大豆始于泰山平泽。"明代的《救荒本草》里说也记载："山黑豆生于密县山野中，苗似家黑豆……采角煮食，或打取豆食，皆可。"很多种野生大豆都生长在沼泽低湿的地方，茎枝攀缘在芦苇等植物上。因此，凡生长有芦苇这一类植物的地方，往往都能找到野生大豆的家族。从野生大豆现今的分布情况看，北起黑龙江省呼玛县一带（北纬52°），南到广西的象州（北纬24°），东起黑龙江的抚远（东经134°），西到西藏察隅县的上察隅（东经97°），中国的广大地区均有野生大豆生长。这在世界范围内都是绝无仅有的。野生大豆到现在仍保留着它的原始形态，植株蔓生，长达3米到5米，茎秆细弱，尖端弯曲攀缘，主茎和分枝很难区分；叶窄花小，每荚有二三粒种子，每千粒重只有二三十克；成熟时候豆荚爆裂而籽粒自落。

远古先民栽培植物往往是就地取材。野生大豆是栽培大豆的近缘祖先种，也是被人类驯化为栽培大豆的物质基础。在考古发现里，20世纪30年代末到60年代初，在黑龙江省宁安市大牡丹屯和牛场两处原始社会遗址，在吉林省永吉县乌拉街遗址，都出土过大豆遗物，其遗存时间都在3000年左右。到了80年代，考古工作者在吉林省永吉县发掘出炭化大豆，经碳14测定年代距今大约2600年，相当于中原地区春秋时代的遗物。1959年山西侯马市"牛村古城"出土的战国时期的大豆，种粒呈淡黄色，百粒重10～20克，同当今栽培的大豆很相近，现存放在北京自然博物馆。

遗憾的是，尽管"栽培大豆起源于中国"的说法已得到公认，但具体起源地是在中国何处至今仍然众说纷纭。黄河流域、东北地区、华南地区、中国中西部山地等都被不同的学者视为栽培大豆的诞生之地。根据最新的DNA证据，大豆的种植最早可能发生在大约3000年前的中国长江流域或华北地区。但有一点是仍然可以确定的：中原与临近地区交流往来的日益密切，为大豆在中国境内的扩散提供了空前的便利。大约到了元代（1271—1368）初期，全国凡是可以种植大豆的地区，几乎都已经有它的踪迹。

有趣的是，虽然清朝唯一的一位河南状元吴其濬（1789—1847年）断言大豆是"始则为蔬，继则为粮"，但实际情况似乎恰好相反——大豆是以重要的粮食作物的姿态登上中国历史舞台的。先秦时期已经有了"五谷"的说法，不论五谷是指哪五种作物，大豆（菽）总是其中之一。《孟子》里说："民非水火不生活，圣人治天下，使有菽粟如水火。菽粟如水火，而民焉有不仁者乎？"这位儒家的亚圣俨然是将"菽粟"当作了粮食的统称，将大豆与小米相提并论了。其他先秦古籍如《荀子》《管子》《墨子》《庄子》里，也都是菽、粟并提。至于《战国策·韩策》则说："韩地险恶，山居，五谷所生，非麦而豆，民之所食，大抵豆饭藿羹。"这里讲的也是民间以大豆为食粮的情况，其中提到的"藿"指的就是大豆的叶子。在先秦时期，其鲜叶与干叶都是普通百姓的家常菜。

大豆的这种主食地位一直延续到汉晋时期。魏国甘露二年

(257)司马昭挟持魏帝曹髦率28万大军东征反叛的镇东大将军诸葛诞。所谓"兵马未动粮草先行",司马昭下令"廪军士大豆,人三升",以大豆充当兵士的口粮。

大豆最简单的烹制方法自然是整粒煮蒸,但古代大豆作为主食的另一种常见烹制方法是做成豆粥,也叫作豆羹、豆糜。南北朝时期的《世说新语》记载过一个著名的故事,曹操的儿子曹丕当了魏朝的开国皇帝,要杀掉他的亲兄弟曹植(子建),但是他提出一个条件,如果曹植能在七步内赋诗一首,就可以不杀他。曹植出口成章,果然在七步内做成了一首诗:"煮豆持作羹,漉菽以为汁。萁在釜下燃,豆在釜中泣。本是同根生,相煎何太急?"这首诗流传至后世,又出现四句的版本,并见于小说《三国演义》,成为人们更加熟悉的"煮豆燃豆萁,豆在釜中泣。本是同根生,相煎何太急。"由此可以推知,公元3世纪时,煮豆羹,烧豆萁,已经是黄河流域一带人民日常生活中极其普遍的事了。

今天看来,豆粥的做法并不复杂,但它味道鲜美,一时间连官僚贵族也竞相追捧。西晋年间的石崇(249—300年)以"炫富"出名。《世说新语·汰侈》里记载,当时石崇与外戚王恺斗富，有三件事令后者不及，其中一件就是"为客作豆粥，咄嗟便办"。众所周知，豆子难煮，一时半会根本煮不烂，西晋距今 1700 年，当时又没有高压锅，石崇是如何做到的呢？王恺当然想不通，于是用重金买通了石崇的手下人。这才知道，石崇也明白"豆至难煮"的道理，于是预先就将其煮熟做成豆末。等到客人一来，煮好白粥之后再把豆末加进去，就成了一碗热气腾腾又煮得稀烂的豆粥了。这样一来，王恺有样学样，他家里也可以不让客人等多久就端出豆粥招待了。石崇知道自己家的机关泄露，一发狠，就把泄密的手下人杀了。按理说，下人泄密固然有错，也不是什么军国大事的大罪，何至于死？这岂止是"汰侈"，根本就是残忍，魏晋名士风流的背后，是视人命如草芥一般的黑暗。只不过石崇最后在"八王之乱"里被人构陷族诛，也是不得善终。当然这是题外话了。

豆腐与酱油

魏晋之后，随着稻谷与小麦在南北方的兴起，大豆的主要用途从主食逐步转为"蔬饵青馈"的副食。偏偏祸兮福所倚，正是在副食品加工制作领域，大豆才算真正开始了"大展宏图"。

西汉时期，人们已经考虑到豆类久存容易腐烂，便用盐把它腌藏起来，这便成为今日的豆豉。东汉时期的《释名·释饮食》中说："豉，嗜也。五味调和，须之而成，乃可甘嗜也。"将令人喜吃不厌作为这个字的含义来加以解释，可见豆豉是一种多么受人欢迎的调味品。这时人们还能生产豆芽，据《神农本草经》中记载："大豆黄卷，味甘平。"大豆黄卷就是指豆芽。另外，大豆经过浸泡之后，一经研碾即出浆汁，这就是豆浆。西汉的《盐铁论》里就提到了豆汤，说它为当时人们所喜食。所谓"豆汤"，就是甜豆浆。到了唐代，豆浆更是被时人认为是与酒和茶并列的三大饮料（而在唐前则是与酒相左的最重要的无醇饮料），所谓"不似春醪醉，何辞绿菽繁。素瓷传静夜，芳气满闲轩"。

而中国古代豆制品的最重大的发明,当属豆腐。它发明的确切年代虽缺乏史证可资考定,但恐怕也有2000多年的历史。随着河南密县打虎亭一号汉墓的发掘及有关资料的发表,其墓东耳室南壁四幅石刻画像引起了学者的强烈关注,一些研究者将该石刻画像断定为豆腐加工图,并据此撰文认为豆腐在汉代已经出现(但也有学者认为上述石刻画像所反映的是酿酒而非豆腐加工)。而南宋大儒朱熹则在咏豆的诗中注云:"世传豆腐本为淮南王术。"淮南王指刘安(前179—前122年)。此人是汉高祖刘邦的孙子,一生好招致宾客方术之士。传说有一天,他与八位方士精研炼丹之术,闲暇时榨大豆取浆,入锅点卤,无意中创制成了豆腐。因刘安当年炼丹地在安徽淮南八公山,所以后人称豆腐为"八公山豆腐";又因为刘安活着时一直攻击儒家为俗世之学,所以孔庙祭品历来不用豆腐。

打虎亭汉墓画像石，描绘了厨师的烹饪过程。

另外，也有人认为在刘安之前，豆腐已经问世，刘安不过是嗜好豆腐，推行其制造方法的人罢了。从词义来说，"腐"的意思则是"烂也。从肉府声。""豆腐"顾名思义就是"腐烂的大豆"。但豆腐的优点是很明显的，现代的化学分析证明，在100克的豆腐中，蛋白质的含量是9.2克，在100克的羊肉中，蛋白质的含量是10.7克。也就是说，豆腐的蛋白质含量几乎可与羊肉相颉颃。加上它远比各种肉类要便宜，这就为无力购置肉食的穷人提供了一个极为重要的蛋白质来源。可以说，食用豆腐可得肉食之利，却无肉食之弊。不仅如此，豆腐问世之后也被进一步转化为其他相关产品，它可以油炸成豆腐泡，然后往里面塞满其他美味的配料；也可以腌制或发酵。豆腐皮是另一种由豆浆加热和冷却后在上层形成的薄膜状副产品。人们把这层皮从豆浆中取出并晾干，然后再重新处理这些棕色的薄片，用来包裹别的食物，或者切成细条和碎块放入其他准备好的菜肴里。因此可以说，中国历史上，亿万贫苦民众体质的保证和汉传佛教僧众的素食生活得以坚持，主要都应归功于大豆（豆腐）的贡献。而当代的营养学家也认为，大豆制品是素食主义者的理想选择，它提供了必要的蛋白质、脂肪和维生素。

提到豆腐，人们自然会联想到，在当今的朝鲜半岛和日本的料理里，豆腐同样也是非常常见的菜式。除豆腐外，用大豆作为原料、利用发酵技术制作而成的豆酱也是朝鲜半岛饮食文化中具有典型代表的传统食品。日本将豆腐也称为"壁"或"白壁"，这是以豆腐白色、表面平滑如墙壁而得名。早在日本料理成形的江户时期（1603—1867年），日本就有人出版了一本名叫《豆腐百珍》的书（1782年刊行），其中记载了100种制作豆腐的方法。之后又陆陆续续出版了续编（138种）和余录（40种）。

在江户末期，有个名叫酒井伴四郎的纪州藩（今和歌山县)下级武士到江户(今东京)单身赴任。根据此人日记的记载,有一天,伴四郎感冒,花了两百文钱买酒,大概是想靠喝酒来温暖五脏六腑。他的下酒菜就是烧豆腐和拌菠菜,喝了个酩酊大醉。更夸张的是,他在一年里居然买了73次豆腐,平均下来每周都要吃豆腐。其中烤豆腐多达48次。这种烤豆腐的

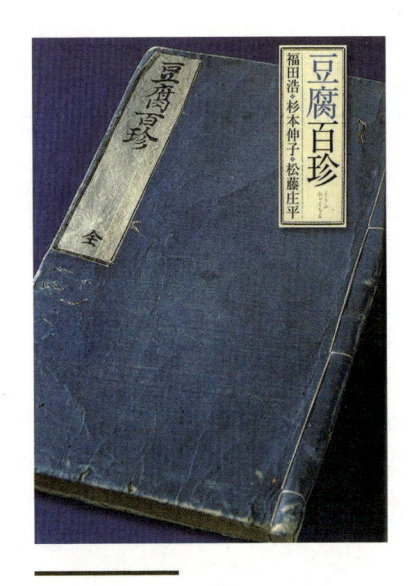

这本书于1782年出版,作者其真实身份尚不清楚,但有一种说法认为他可能是篆刻师曾谷学川。

做法,是用竹签将豆腐串起进行烤制。这种烤豆腐很硬(有点像豆腐干),即便穿了竹签豆腐也不会碎。因为经常穿两根竹签在豆腐上,跟武士腰配长短两刀的模样有点像,所以当时也有人借此讥讽武士,管武士叫烤豆腐。

朝鲜半岛与日本用来制作豆腐的原料大豆,不用说,也是来自大豆的故乡中国。一般观点认为,大约公元前5世纪到公元前4世纪甚至更早,大豆已流传到朝鲜半岛。就像历史

上的朝鲜半岛一直在充当中国文化东传日本的中介一样,约公元前200年,大豆自朝鲜传到了日本。还有一条关于传播路径的说法是,大约公元6世纪,大豆经由海上线路,从中国直接传到了日本南部的九州岛(甚至有说法是唐朝的鉴真和尚把豆腐带到日本)。由于大豆与当地自然条件相适应,传入日本后得以成功栽培种植。日本《大宝律令》(701年)最早记载了关于日本大豆制品的内容。稍晚成书的汉文史书《古事记》与《日本书纪》里也都有关于日本大豆的神话故事记载。

在豆腐之外,酱油是大豆对日本料理的另一个重要贡献。酱油的生产过程类似于豆瓣酱的制造,原料包括曲霉、小麦或大麦以及用盐水煮熟的大豆。生产时需要在户外的大缸里发酵,并定期搅拌。几个月之后,固体被压了下去,上层清淡细腻的液体就是一级酱油。也可以继续往固体中加水,再发酵几次,时间越长,酱油的颜色越深。

同样在江户时期,近松门左卫门(1652—1724年)的净琉璃(一种人偶戏)已然出现了"乌冬面和切面,汤汁都要酱油味","您要什么口味的汤,酱油吗?"这样的台词,足见酱油成了日本人喜爱的调味品。

酱油的源头自然也在中国。东汉崔寔著《四民月令》记载："至六七月之交，分以藏瓜，可以作鱼酱、肉酱、清酱。"这里的"清酱"就是酱油的古称，清代的《顺天府志》明确指出"清酱即酱油"，而清酱这一称呼现在还为华北及东北农村所沿用。

而很多日本书籍记载，日本酱油的直接源头，是日本僧人在13世纪从中国浙江余姚带回径山寺（又作"金山寺"）的味噌（酱）。其制法是在大豆中加入小麦、盐、各季节蔬菜，再以米麸发酵。味噌是日本最受欢迎的调味料之一。原始的日本酱油（垂味噌），主要就是根据径山寺味噌的味道改良而来。不少著名的日本菜肴需要酱油调味。没有酱油，就不可能产生真正的刺身（刺身必须蘸着酱油吃），就不可能有风行全日本的烤鳗鱼（烤鳗鱼的调味汁主要是酱油），同样不可能有蘸着调味料吃的荞麦面条和天妇罗（其调味料主要也是酱油）。为此，欧洲人干脆把日本料理称为"酱油味道"。从这个意义上说，与汉字、筷子一样，大豆也是日本（以及朝鲜半岛）在历史上长期受惠于中国的一个佐证。

径山寺建于742年（天宝元年），被列为江南"五山十刹"之首。

冲出亚洲

话说回来，同处亚洲东部的日、韩紧邻中国，引进大豆毕竟有"近水楼台"之便。大豆传播到东亚、东南亚之外的地区，尤其是距离中国遥远的欧洲、美洲，就是相当晚近的事情了。

新航路开辟之后，大航海时代东来的西洋人首先注意到的就是东方饮食中的各种大豆制品。佛罗伦萨商人弗朗西斯科·卡莱蒂（Francesco Carletti）曾于1597年访问日本长崎。他在自己的《世界旅行回忆录》中写道："他们（指日本人）用鱼做各种各样的菜肴，用他们称之为味噌的酱汁调味。味噌由一种在各地都很常见的豆子做成，它们被煮熟，捣碎，和一些酿酒用的米饭混合在一起，然后装在桶里——豆子会变酸，几乎全部腐烂，呈现出一种很冲的味道。一次使用一点便能给食物增添风味……"而西班牙传教士闵明我（Domingo Fernández Navarrete）曾在明朝末年到中国传教。几年后他将这段在东方的见闻写成了日记。里面提到："现在我要详细地介绍一种在中国很常见而又平民化的食物叫作豆腐，虽然我不知道当地的人们具体是如何将它制作成功的，但大致的过程是他们把豆子研磨出汁水后，将剩下的部分做成颜色呈白色、类似奶酪形态的块状食物也就是豆腐了，人们通常将豆腐煮熟后再配上蔬菜和鱼肉等菜品一起食用。"

过了一段时间之后，欧洲人才终于认识了大豆并了解了其用途。这要归功于德意志博物学家恩格尔贝特·肯普弗（Engelbert Kaempfer）。1690年9月，他作为荷兰东印度公司商船上的随行医生来到长崎——当时唯一对外开放的日本口岸。肯普弗在日本待了两年，广泛接触了日本风俗文化（甚至会见过江户幕府的统治者，第五代将军德川纲吉）。回到欧洲之后，肯普弗在1712年出版的一本书里详细记述了日本人利用大豆制作的各种食品，并第一次将关于大豆的一些知识介绍给欧洲读者。

在此之后，大豆才陆续被引入欧美试种。1740年前后，法国传教士将中国大豆的种子寄回国，最初种植在巴黎植物园内，仅仅作为一种观赏植物。1790年，大豆也传入了英国。据说，是一个名叫沃尔特·尤尔（Walter Ewer）的人从东南亚地区引种到英国皇家植物园的。这一品种的大豆大概是在七八月份开花成熟。之后由于大豆品种有限、与当地环境适应性等多个因素，大豆在英国的种植范围也不是很广且没有得到特别多的重视。

值得一提的是，在沃尔特·尤尔的引种之前，英国人肯定已经见识过大豆及其种子了。这是因为早在1765年，大豆种子就被英国东印度公司的一名海员从中国经伦敦带到北美殖民地，并于同年在北美大陆东南沿海的佐治亚的一个农场首次试种了。1770年，美国独立战争的功勋人物，著名外交家、发明家本杰明·富兰克林在出使英国期间也可能获得到过大豆的种子。因为他在出使英国期间给居住在费城的植物学家朋友约翰·巴特拉姆（John Bartram）寄去了豆种。富兰克林在寄给巴特拉姆的信件里还说："我寄了一些被认为是做汤最好选择的干的绿色豆种子；还有一些闵明我先生曾记载过的、在中国是用来制作豆腐的豆子。我认为我们已经有了大豆种子，但是我不确定它们是否与中国用来制作豆腐的大豆是同一品种……"在此后的一个世纪里，大豆频频出现在北美殖民地（美国）的文献资料里，但是直到19世纪末，美国大豆的产量都不高。

真正改变大豆在异乡所遭受的"冷遇"的，是被誉为"欧洲大豆业先驱"的维也纳皇家农学院教授——弗里德里希·哈伯兰德（Friedrich Haberlandt）。1873年，在奥匈帝国首都维也纳举行的世界博览会上，首次展出了色泽金黄、籽粒滚圆的中国大豆，引起了与会学者的广泛注意。哈伯兰德正是在这次参会期间对大豆产生了巨大兴趣，并获得多颗大豆种子。这些豆种分别是来自中国的5个黄粒种、3个黑粒种、3个绿粒种、2个棕红粒种，来自日本的1个黄粒种、3个黑粒种，来自俄国外高加索（今格鲁吉亚、亚美尼亚及阿塞拜疆）的1个黑粒种以及来自突尼斯的1个绿粒种。1875年，他首先在维也纳附近培育这些种子，发现中国的 4 个品种试种成功。而且，通过对比他还发现，相比其他豆类品种，大豆的植物油脂和蛋白质含量都相对较高。

哈伯兰德是欧洲进行大豆系统试验的第一人。从 1876 年 2 月开始，他首先将自己的试验推广结果在各种杂志上公开发表。后来他又将这些文章编撰成册，在 1878 年出版了他的代表作《大豆》。这些著作对大豆迅速推广到欧洲的其他国家起了很大作用。比如，1878 年美国新泽西州罗格斯大学的乔治·库克（George H. Cook）教授在欧洲考察期间，就在德国的慕尼黑见到了大豆作为一种新作物在当地被种植，"我在巴伐利亚农业试验站的试验田里看到它们茂盛的生长着……"此外，1875 年，匈牙利引种大豆。1898 年，俄国也开始从中国引进大豆品种……可惜的是，由于气候、土壤等自然条件的制约，大豆在欧洲仍然长期停留在试验驯化阶段。大豆种植形成一定的规模，还是在第二次世界大战之后的事情了。

"欧洲大豆业先驱"弗里德里希·哈伯兰德故居上的匾额。

大豆三品

虽然大豆在欧洲的本土化种植暂时遇到了挫折,但"老外"们还是逐渐发现了大豆的经济价值——它绝不只是亚洲人做酱的一种原料。大豆中的蛋白质含量丰富,而且与动物蛋白质同属优质蛋白质,包括了人体必需的8种氨基酸。与肉类相比,大豆的不饱和脂肪酸含量高达85%,几乎不含胆固醇,是优质食用油;同时它还是优质的饲料和重要的工业原料。毫无疑问，这是人类培育出来的最好的豆类作物。如果对于古代中国人来说，大豆是自古以来上天恩赐的济世粮食的话，对于近代外国人来说，大豆则是一种弥足珍贵的多用途原料。

首先，大豆是一种重要的油料作物，含脂肪约20%。近代欧洲的植物油市场主要由棕榈油、花生油、椰子油、胡麻籽油、菜籽油、棉籽油和亚麻籽油组成。这些油料的消耗量年年增加。大豆作为新兴油料作物，与这些欧洲传统榨油作物相比价廉物美。到20世纪20年代末，大豆在英国油料市场所占比例是12%，在德国市场上占38%，在荷兰市场上占55%，在意大利市场上占17%，在丹麦和瑞典市场上占58%。

与此同时，大豆在化学工业中也具有广泛的用途，大豆及豆油加工后可以替代动物性脂肪，用于制造肥皂、甘油、油漆、油墨、塑料、电木以及人造羊毛、人造纤维、照相胶片、脂肪酸、卵磷脂、维生素、人造石油、蜡烛、防火剂、橡胶、医用制剂和各种软膏，甚至还可以制造炸药——"查各国制造无烟火药及炸裂品，非用油脂不可，而豆油中含脂油甚多"。既然本国一时无法种植大豆，自然要从中国进口。因此，19世纪晚期中国大豆出口到欧洲后，也被"悉数用作制油原料，与亚麻仁、椰子实、落花生等制油品并驾齐驱，在各国制油工业中占重要位置"。

特别是到了日俄战争（1904）以后，列强对豆油需求量的急剧扩大，促进了中国东北北部地区榨油业的发展。1908年，埃及、印度和北美种植的棉籽和亚麻仁歉收，向来以此为主要原料的英国榨油工业因缺少原料而开工不足，日本三井物产会社便将百吨东北大豆运到英国。由于东北大豆作为榨油原料比棉籽、亚麻仁价格低廉，很受市场欢迎，迅速成为世界性的榨油原料。俄国的两家榨油厂分别于1909年和1914年在哈尔滨建立香坊。华人旧式油坊难以立足，于是纷纷改进生产技术，榨油方法不断改进，由原来的人力、畜力改为使用蒸汽机，也就是利用蒸汽机带动滚轮压碎原料大豆，然后以手推螺旋式器械压榨蒸豆。后来，这种榨油方法又有了进一步改进，采用水压式榨油法，提高了榨油业的生产力，从而使家庭手工业作坊过渡为使用电力机械的榨油厂。哈尔滨也由此成为全国著名的榨油区。

大豆在经传统压榨法榨取豆油后，剩下的成分是豆饼，可以用来饲养牲畜或者肥田。明代宋应星在《天工开物》里记载了用大豆肥田的技术，把大豆撒在地里，一粒大豆可以肥三寸土，粮食产量提高一倍多。用豆饼肥田，种出的西瓜味甜可口，种出的烟草清香扑鼻。这一点，对于需要精耕细作的农业地区非常重要。比如，日本是个人多地少的岛国，耕地相对不足，甚至缺氮而肥力不高的土地也不得不加以利用。因此，土地所需要的施肥量一直很多。第一次世界大战之后，日本开始大量使用化肥。但豆饼作为植物性肥料，仍然有化肥不可比拟的优势：它比化肥便宜得多，而且不会给土地带来副作用。据日本试验场验证，以豆饼饲养家畜，比任何饲料都好，而且较为经济。因此，豆饼成了日本最重要的农用肥料。根据日本农林省《肥科要览》的统计：1917—1921年，在日本使用的鱼肥、骨粉、豆饼、过磷酸石灰、硫铵、氮化钨、硫酸钾、硝酸钠和混合肥料中，豆饼平均每年的使用数量最多，达2133千吨，占全部肥料的65%。

此外，就像中国古代一样，大豆还可以充当粮食。欧洲人并没有以大豆为主食的习惯，但居住在与中国东北接壤的远东地区（阿穆尔州、外贝加尔边疆区、滨海边疆区等地）的俄国人则没法如此"讲究"。这些地方虽然拥有丰富的森林和矿产资源，却因气候寒冷，人烟稀薄，可耕地和劳动力并不多，所产小麦、大麦、玉米、亚麻、马铃薯、甜菜等农作物不敷所需。因此，从19世纪后期开始，俄国就需要进口中国东北的小麦和大豆，以弥补远东居民的粮食缺口。

就这样，大豆、豆油、豆饼"三箭齐发"，形成了世界市场对中国大豆的旺盛需求。在这种情况下，大豆逐渐取代了传统的丝绸、茶叶在中国对外贸易的主导地位。在1911年，中国以大豆为主的豆类、豆饼、油类出口额曾分别达2659万、2142万、1511万两海关银。相比之下，向来在出口中占最重要地位的茶叶在当年出口的价值总额却只有3833万两，已经远远落在后头了。

实际上，从19世纪60年代第二次鸦片战争后营口开港，大豆开始外运出口，到20世纪初，中国大豆外销从无到有，与历史悠久的茶、丝一道被誉为当时中国出口的三大名产，至第一次世界大战爆发前夕的1913年，大豆产品占全国全部出口商品总额的5.8%，到1931年，大豆已占全部出口商品总额的21.4%，位列各种商品之首。

近代中国出口的大豆产品几乎都是以东北的大豆为主。据

1931年《中东经济月刊》统计，20世纪20年代，东北大豆产量占据当时世界大豆总产量的60%以上，其中约7成用于出口。民国时期，东北三省（黑龙江、吉林、奉天即今辽宁）的出口货品：1922年时，第一位为豆饼，第二位为大豆，第三位为高粱，第四位为豆油；1927年时，第一位为大豆，第二位为豆饼，第三位为煤炭，第四位为豆油。大豆三品（大豆、豆饼、豆油）始终名列前四。另以1928年为例，东北大豆三品出口分别占全国此类产品出口比重的90.52%、99.34%、99.62%。可以说，这是中国大豆在近代国际市场上的一个黄金时期。

漂洋过海

不过，就在20世纪20年代，已经有人对中国大豆的市场前景感到忧心忡忡："（大豆）每年装运海外，销路甚广，惟各国人士盛倡采用豆类以充饮食品之说，将来各地广行播种，我国农产前途，难免不受影响。即如茶叶一项，自锡兰（今斯里兰卡）、中国台湾（当时在日本的占领下）、爪哇（今属印度尼西亚）等处茶业大兴，华茶销路，日形衰落。"

后来发生的事情正是如此。并且，与茶叶的出口盛世持续了几个世纪不同，中国大豆出口的数量优势只维持了很短一段时间——20 世纪 30 年代初，美国的大豆产量占世界总产量不过 6%，不过 10 年之后，美国大豆产量已增长 10 倍，占世界总产量的约 30%，距离中国（占世界总产量约 50%）已非遥不可及。1950 年，美国的大豆总产量已与中国大体接近。到了 1954 年，美国的大豆产量更是超过中国跃居世界第一，其总产量占到世界的 46.9%。

这其中的缘由，就不能不提美国农业部植物产业局下属的"外国种子和植物引进办公室"（The Foreign Seed and Plant Introduction Section）。它在大豆种子能够大量漂洋过海，实现移栽到美国土地的过程中扮演了至关重要的角色。自这个办公室在 1898 年成立，美国的农学家们便开始在世界范围内进行作物采集和引进活动，大豆也成为他们的重要目标："对任何方面的植物考察来说，中国都是最有前景的国度。"正是在 1898 年，美国农业部派人来华调查、采集大豆。起初，他们的"成果"不大，在 1903 年以前，只引进区区 8 个品种。

1906年，美国农业部再次派出梅耶来华，从我国东北营口寄回一大批优良的大豆品种。这批大豆包括黑豆和既可供食用又可榨油的品种。在此后的两年多内，他们又从我国引进50个品种。到了1929—1931年，美国农业部又派人来到中国，收集者曾得到施温高的指导。他们在华北、东北等地，以及朝鲜和日本详尽地收集有关大豆品系的各种资料。最终带着2000个品系的大豆回到美国，真可以说是"满载而归"了。由于大量品种的引入和长期的栽培育种，如今的美国已成为大豆的次生起源中心。到1983年，已从世界各国收集到9913份大豆品种和品系。这对美国大豆的持续发展起了重要的作用，例如，美国人利用从中国引进的小黑豆与本国栽培大豆杂交，很好地控制了危害很大的孢囊线虫病。

起初，美国人对大豆并没有什么兴趣："作为饲用豆科作物，大豆要与苜蓿、三叶草、豇豆和花生竞争，而且人们并没有普遍认为它是一种有前途的食用作物。"换句话说，来到美国的大豆并不如同想象的一般，扮演了横空出世的救世主角色，反而更像初来乍到的打工仔，发现社会上充满了竞争对手。大豆可以榨油，但可以榨油的作物并不只有大豆一种。相比棉籽油，大豆油有股涂料味，无法完全替代前者的食用用途；相比亚麻籽油，大豆油又是一种"半干性油"，干燥速度太慢，同样无法彻底取代前者的涂料用途。由于"大豆只能为每英亩土地带来相对较低的回报"，"只有小农场主才会种植大豆，作为迫不得已才用的最后一招"。即便如此，在自产自种的情况下，大豆还要面临豇豆与花生这两种豆类亲属的激烈竞争。最后，豆浆也无法取代牛奶在美国人饮食生活里根深蒂固的位置……总而言之，彼时"人们还远远不能确定它（大豆）最后能找出什么理由走出实验站，在美国传播开来"。

从统计数字来看，1907年，大豆总栽培面积大概是5万英亩，分散在全美国3亿英亩的农场之中；相比之下，小麦的栽培面积是4500万英亩，燕麦则是3500万英亩。大豆之所以能在北美大地实现逆袭，其实是出于一个比较奇特的理由：玉米带接纳了大豆，用在生产肉类的农业体系中。所谓"玉米带"（Corn Belt）是一片位于北美五大湖以南的平原地区，非常适合玉米的生长。不过，玉米带虽然以玉米著称，但玉米主要的用途是饲料，"这里的产品与其说是玉米，不如说是用玉米饲养出的肉畜"。在美国南方，起先大豆无法与棉花竞争，因为后者毕竟仍然是由人力所收获的最值钱的经济作物。可是，在美国北方的玉米带，大豆的优势可以充分发挥。

这是因为由于高强度的种植，在第一次世界大战之后，玉米带已经受到土壤肥力下降的困扰，所能提供的回报似乎也一季不如一季，而大豆根瘤的固氮功能正可以帮助土地恢复肥力。近代科学研究揭示了根瘤的奥秘：根瘤里栖息着一种根瘤细菌。这种根瘤菌生活在土壤里，在接触到大豆的根系分泌物后，就在根的周围大量繁殖起来，反过来它又刺激大豆根毛的顶端发生卷曲和膨胀，使根毛细胞里形成一条细小的具有纤维的内生管，根瘤菌就沿着这条内生管侵入细胞，并在里边分裂繁殖。这时候根表面就出现很多个突起，这就是根瘤。大豆根系的维管束和根瘤的线管束是息息相通的。大豆把体内的水分、养分输送给根瘤；根瘤也把从空气里吸收的游离氮素合成氨态肥分，供给大豆植株生长发育的需要，这就是共生现象。每个大豆根瘤就好比是一个小小化肥厂。据测定，每亩大豆一生大约可以从空气中固定 13.5 千克氮素，相当于 63 千克硫酸铵。因此，大豆种在贫瘠的土地上或与其他作物轮作，可以提高土壤肥力，有利于其他作物高产。美国农业专家弗兰克林·哈瑞姆·金在 1909 年来华访问时就盛赞："远东的农民从千百年的实践中早就领会了豆科植物对保持地力的至关重要，将大豆与其他作物大面积轮作来增肥土地。"

与此同时，技术上的进步也逐步扫除了农场主们种植大豆的顾虑。20 世纪 20 年代，玉米油成功实现精炼，在食品用途上堪与棉籽油抗衡。这套工艺随后也用在精炼大豆上，生产出了"好得令人意外"——无色、芳香、清淡的大豆油。一开始，大豆卵磷脂只被看作一种黏糊糊的废物，必须在精炼时从大豆油里去除。后来人们逐渐发现，这种卵磷脂其实极有价值，可以用作人造黄油和巧克力的乳化剂，也就是阻止油与水分离的物质。大豆的应用范围因此得到了扩展。到 1958 年，加工为人造黄油的大豆油已经超过 10 亿磅，而同样用途的棉籽油只有 1.45 亿磅。

最后，大豆在 20 世纪中期终于赢得了与棉花的土地争夺战。作为美国南方的传统经济作物，棉花面临过剩的困境（这当然是基于有利可图的前提），迫使美国当局在 1933 年的《农业调整法》里铲平了不少棉花，以提升棉价。作为轮作中的主要经济作物，大豆填补了棉花留下的空缺。这当然不是纯粹的"趁火打劫"。大豆能够成功排挤棉花，还有一个原因，即机械化农业的应用。1943年的一份研究报告指出："1英亩棉花需要183.6小时的人力，而1英亩大豆只需要9.6小时的人力。"两者相差了一个数量级都不止，而这已经是"棉花收割的生产效率也增长到原来的3倍"的结果了。结论显而易见：大豆仍然明显能节省更多人力。

1920年，"首届玉米带大豆田日"在印第安纳州卡姆登举行，美国大豆种植协会在此成立。

就这样，第二次世界大战以后，这种神奇的"魔豆"终于结束了自己在美国飘忽不定的命运。但与在东亚地区扮演的副食角色不同，大豆在美国主要作为一种"转换为动物蛋白"的手段（饲料），"与廉价的粮食、科学育种以及可以促进生长并让牲畜的大规模集中饲养成为可能的抗生素一样，都是工厂化农场中的关键要素"。作为一种高蛋白质含量的作物，大豆用来喂猪："它们既可以在田间被直接牧食，又可以与玉米一起窖藏……至少也让人看到了降低猪肉生产成本的希望。"

话说回来，美国人其实很早就知道大豆是一种食品。在20世纪初期，美国政府和一些报纸也在不遗余力宣扬大豆的好处："蛋白质含量很高，可达总重的四成，可以为每个人奢侈的肉类消费提供一种较为节俭的替代选择。"但那些强调了营养优点的海报似乎反而让人们不愿意去吃豆制品。即便在第二次世界大战期间，战事紧急状态对美国人消费大豆的影响也有限。这一时期美国人的肉类消费量依然在上升。到了战后，即便豆腐与豆浆都先后有过短暂的消费高峰（豆浆甚至一度被预言会取代酸奶），但总的来说，一如罗思在书中的揶揄："美国人似乎在对大豆的存在一无所知的情况下最喜欢吃大豆。"每周至少消费一次大豆食品或大豆饮品的美国人所占比例，固然从2010年的24%上升到2014年的31%。不过反过来解读这个数据，就是超过三分之二的美国人的餐桌上，基本不会有豆制品。

1920年之后，由于意识到利用大豆根瘤的固氮功能，可以让美国干旱区的土地恢复肥力，农场得以增加产量来满足政府的需求，种植大豆的需求也愈发旺盛。从1924年开始，伴随着大豆需求的增长，大豆排挤棉花，在美国的种植面积开始迅速扩展。从1924年到1973年，美国大豆的种植面积从70万公顷扩大到2300万公顷。总产量由13.4万吨增加到4300万吨，占当年世界总产量的74%，产值达90亿美元。大豆已超过小麦和玉米成为美国最重要的商品作物。据说在1973年，仅伊利诺伊一个州的大豆产量就比中国全国的总产量还多。到2000年时，美国大豆的种植面积已达7000万英亩，不光仅次于玉米，而且这些土地加起来要比新墨西哥州的总面积还要略大了。

如今，能够在世界贸易市场上与美国大豆一较高下的只有南美洲（主要是巴西和阿根廷）大豆。从地理上看，巴西与阿根廷分别位于南回归线的两侧，大部分地区的温度在16℃～24℃之间，有着全世界屈指可数的肥沃平原，加上雨量充沛，气候温暖、湿润，非常适宜大豆生长。

但在很长时期里，当地的大豆种植都不成气候。比如，早在1882年农艺工程师古斯塔沃·杜特拉（Gustavo Dutra）最早在巴西东北部的巴伊亚州（Bahia）地区种植了几个大豆品种，可是到了将近一个世纪后的1960年，巴西全国的大豆产量只有20万吨。阿根廷的情况与之相差无几，该国第一次进行大豆栽培试验的时间在1880年前后。当时的一位葡萄酒商人提出种植大豆以改善葡萄种植园土壤，1909—1910年，阿根廷科尔多瓦的国家农牧业学校也在其农业试验站中开展了第一个大豆栽培品种实验。可是直到1968年，阿根廷的大豆产量也只有区区2.3万吨。但从20世纪70年代开始，南美洲的大豆产量开始急剧增加。究其原因，一方面是市场经济的发展趋势——由于地处南半球的关系，南美洲大豆收获上市的时间正值北半球供应处于淡季的春夏季节，从天时地利看，自然有利于两国大豆的出口。另一方面则是二战期间全球性食物短缺使得大豆在南美地区获得了更多的关注和重视：由于大豆富含丰富的植物蛋白质，很适合在物资有限的情况下作为牛奶、鸡蛋、肉类的优质替代品。而且，20世纪70年代以后，作为动物饲料添加剂的秘鲁鱼粉出现严重短缺，国际市场对以大豆为原料的动物饲料的需求也在急剧增加。

在这种情况下，在1971—2000年的30年里，阿根廷的大豆种植面积增长395倍，产量增长976倍，并且自2000年起，阿根廷的大豆种植面积和产量均跃居世界第3位。巴西也从20世纪60年代开始后来居上。1975年，巴西大豆总产量达到989.2万吨，超过中国名列世界第2位。目前，大豆已成为除水稻、小麦和玉米三种粮食作物之外产量最多的农作物。根据2019年的世界大豆生产统计数据，美洲成为全球最大的大豆产出地，其中美国、巴西和阿根廷三国大豆总产量之和占世界大豆的总份额达到80%以上。作为大豆原产地的亚洲虽然还是第二大产出地，但大豆年总产量还不到世界的10%。换句话说，在不到一个世纪的时间里，大豆这种植物已经完成了它的"全球化"之旅，并在距离原产地（中国）地理距离最为遥远的南美洲结出了丰硕的果实。

第三章 珍奇鮮果

庞大的柑橘家族：世界上产量最大的水果

世界上有各式各样的水果。但就产量而论，2020年，世界柑橘的年产量已经超过1.4亿吨，约占世界水果总产量的16.7%。从这个角度来看，柑橘是水果王国里无可争议的"老大"。

混乱家系

虽说柑橘似乎是很常见的水果，但真要搞清柑、橘、橙、柠檬乃至柚子之间的关系，也只有专门的研究者才做得到。近代博物学家林奈（Linnaeus）于1753年率先对芸香科（Rutaceae）、柑橘亚科（Aurantioideae）柑橘属（*Citrus* L.）下了定义。有研究者提出，柑橘属主要由3个基本种构成，分别是橘（C. reticulata）、柚（C.maxima）和枸橼（C. medica）；至于其他品种，如葡萄柚、甜橙等都是由以上3个基本种杂交而来。实际上，柑橘类的物种之间彼此关系极为密切，非常容易杂交。千百年来，柑橘属物种被不断地选择、杂交、改良和重新杂交，它们之间的关系变得十分复杂和亲密。根据生长地点不同，同一种类会在果实大小、颜色和味道上表现出差异，因此造成了如今这样一个混乱的谱系。

这种混乱，也体现在柑橘类的中文名称上。在我国的古籍中，最早出现的柑橘类果树名称是橘、柚和枳，其次是柑，再次是橙。据《禹贡》记载，在公元前2000年左右的夏禹时代，扬州"厥包橘柚锡贡"，荆州"色甌菁茅"。这里所说的扬州，系指今日江苏、安徽两省南部，江苏东部和河南、湖北两省部分地区；而荆州系指今湖北、湖南和江西的部分地区。其中所说的"包""橘""柚"，都是柑橘的不同种类。孔颖达注释："橘柚二果，其种本别，以实相比，则柚大橘小。荆州言包，橘柚也"。这就说得很清楚，柚子（古代也称包，一些地方叫文旦）要比橘子来得大。柚也是柑橘类果树中果实最大的一种。有的品种的柚子一个可以有好几斤重。柚子在每年的农历八月十五左右成熟，皮厚，十分耐储藏，一般可以存放3个月而不失香味。柚子外形浑圆，象征团圆之意，故此它还被俗称为"团圆果",是中秋节的应景水果。

橘与枳也比较容易区分。古籍《晏子春秋》中有一则"橘逾淮为枳"的故事。讲的是春秋时期齐国的晏子出使楚国。楚王想侮辱齐国,故意在宴席间令卫士捆上一个做盗贼的齐国人,还讥讽晏子:"你们齐国人生来就喜欢偷东西吗?"晏子回答:"《周礼》上说,橘生淮南则为橘,橘逾淮北则为枳。原因是水土不一样。这个人在齐国本来不偷东西,但到了楚国就成了盗贼,莫非是楚国的水土让人变得善于偷盗吗?"说得楚王哑口无言。实际上,橘与枳也确是近亲,橘形扁圆,个大,红色或橙黄色;枳为球形,个小,暗黄色并长有茸毛。更重要的是果实味道迥然不同,橘味鲜美,枳味酸涩。

至于橙和橘同样是近亲。古人起初橘橙不分,到了南北朝时期人们才区分了橘子和橙子。中国华中农业大学的果树遗传学者认为,甜橙是橘子和柚子的杂交种,其中橘的遗传成分占 3/4,柚的遗传成分占 1/4。相比橘子,橙的形状比较圆些,果肉呈淡黄色,最明显的特征是皮较难剥。北宋的周邦彦有一首词《少年游·感旧》,里面言道:"并刀如水,吴盐胜雪,纤指破新橙。"这讲的就是屋内女孩在剥橙子,由于橙子皮光

枳个小，并且味道酸涩。

滑用手很难直接剥开，于是用上锋利的并州水果刀（并州产好刀，杜甫道："焉得并州快剪刀"）剖开。而且那时的橙子都比较酸，为了增加甜度，还要在剥开的橙子上面撒些盐。

　　回过头来再说"桔"。实际上这个字也是"橘"的俗写。因为木旁有个吉字，且橘与"吉"的字音相近。它在民间就有了"吉祥如意""吉庆平安"的寓意。橘子味美多汁，酸甜可口，自古就受到人们喜爱。南宋诗人叶适有"蜜满房中金作皮，人家短日挂疏篱"的诗句，让人仿若亲口尝到了橘子那令人垂涎欲滴的滋味。而橘与柑的区别显得相当模糊。在中国古代，"橘"指小果宽皮柑橘，而"柑"代指比橘大，但比柚小的柑橘。所以典故"陆郎怀橘"里，陆绩偷偷藏在怀里的是三枚橘子，而不是个体比较大的柑。不过在现代，由于更多柑橘类水果的出现，橘和柑的概念逐渐混淆。在广义上，橘指代砂糖橘、南丰蜜橘等果实较小、易剥皮的品种；而柑通常指温州蜜柑、贡柑等品种，其果实大小比橘大，且剥皮的难度比橘子要大。

中土渊源

今天，如今柑橘类水果大约有 2000 个品种，其中得到大规模种植的品种大约有 100 个。其商业种植在全球呈一条宽带状分布，大致位于北纬 40 度和南纬 40 度之间。随着现代储藏和运输系统的扩张，建立起了一张与古老的丝绸之路类似的贸易网络，这张网络如今已经遍布全世界所有食用柑橘水果的地方。从这个意义上说，柑橘称得上是全球性的水果。

这当然并非"自古以来"的情况。柑桔类植物已有 2000 万—3000 万年的进化历史，野橘大致在新生代第二纪中期即已出现。近代以来，在中国长江流域和岭南许多地方发现了数量极多，类型丰富的野橘，其中有野生橘、宜昌橙（常绿的柑橘类果树中最耐寒的一种）、枳橙、道县野橘、山金柑等，它们与今天的栽培橘类有比较密切的亲缘关系。湖南西部武陵山、雪峰山还有成片的野生橘林。野橘分布在海拔 700～1000 米的中山地带，树高 7～8 米，果很小，仅 15～18 克，外皮很难剥离，味极酸涩。这些野生亲缘种的存在无可争辩地证明了中国是世界上柑橘类植物最早的驯化中心。

具体而言，结合湖南道县尚有野生橘等情况分析，洞庭湖边的两湖当是最早栽培橘类的地方之一。生活在战国中期的爱国主义诗人屈原（约前 340—前 278 年）在《橘颂》中写道："后皇嘉树，橘徕服兮。受命不迁，生南国兮。……绿叶素荣，纷其可喜兮。……曾枝剡棘，圆果抟兮。青黄杂糅，文章烂兮。精色内白，类可任兮。"这篇楚辞里对橘子的优美形态进行了生动的赞颂，也充分说明这种果树在两湖地区有着悠久的栽培史。实际上，在道县还有一种半驯化的品种——滑皮橘，该品种酸较高，有部分野生橘的特征，但整体果皮已经比较光滑，可以食用。

另外，东南一带的太湖流域也是古时的柑橘产地。《列子·汤问》："吴楚之国有大木焉，其名为櫾（香橙），碧树而冬生，实丹而味酸。"这里写出了春秋时期太湖地区可能就已经有柑橘栽培，因为当时吴国的中心阖闾城就是现在的苏州城。后来，太湖地区的柑橘成为橘中上品，要进贡给朝廷，在唐代朝廷指定的贡橘州中，太湖地区就有余杭郡（杭州）、吴郡（苏州）和吴兴郡（湖州）三地，可见当时太湖地区作为贡橘区的重要地位。

至于西南云贵地区最早种植柑橘的记载见于唐代袁滋的《云南记》："云南出柑橘、甘蔗、橙、柚、梨、葡萄、桃、李、梅、杏。糖酪之类悉有。"《南夷志》说："甘橘，大厘城有之，其味甚酸，穹賧有橘，大如覆杯。"《滇黔游记》说："黄柑产宾川者，大如碗。"这些资料都表明，柑橘在古代即已遍植中国南方各地，带有鲜明的中国印记。

东瀛蜜柑

不过，伴随着人类文明间的交通往来，柑橘很早就踏上了由"中国性"向"世界性"的转变之路。"温州蜜柑"就是一个非常典型的例子。

中国的柑橘，大约在唐代开始传入日本。8世纪，日本有一位名叫田中间守的和尚来我国浙江天台山国清寺留学，在那里尝到味道好、果核少的柑橘（蜜柑）。他回国时带去了柑橘种子，在日本种植。1848年，冈村尚谦在《桂园柑谱》一书中，还绘制了田中手执橘枝的画像，并记述中国柑橘引进日本的历史。而在日语中，"蜜柑"（ミカン）一词也成为柑橘的统称。所谓物以稀为贵，传入日本之初的蜜柑，是上层贵族享用的珍品。应永年间（1397—1428年），室町幕府的将军足利义持在生病期间希望吃到蜜柑，因此人们纷纷进献。贞成亲王从藏光庵处调集100个蜜柑进献给足利义持。将军对此表示极为满意，因为"当年蜜柑难得"。

明代永乐年间（1403—1424年），日本和尚智惠来天台山进香，归途中购买了蜜橘，后携种子播种于九州大伊岛（今鹿儿岛县长岛），经过改良，成为无核蜜橘，当地人称为"唐蜜柑"，也叫"温州蜜柑"，因日本僧人大多取道温州回国而名。1988年，日本爱媛县电视台为缅怀智惠当年引种的功绩，还特意前往浙江天台、黄岩、温州等地拍摄了名为《柑橘之路》的纪录片。

日本爱媛县的收获季节，整座山都变成了橙色。

温州蜜柑是极为甘甜的柑橘品种。通常无籽，大小与其他橘种相似。果皮松散，呈皮革状，比其他柑橘易剥。最为关键的是，温州蜜柑耐寒，成熟植株可在-9℃乃至-11℃的环境中存活数小时。在如今可食用柑橘品种中，大约只有金橘比其更为耐寒。这一优势对其在日本的生长显得极为重要。相较浙江原产地，日本列岛（九州、四国、本州）的气候，由于纬度偏北，冬季较冷，虽有太平洋暖流的调剂，但周期性冻害仍较严重。而温州蜜柑在这样较为低温的环境下仍能结果，因此引种日本九州之后，逐渐传播到四国和本州岛，最后在比较低温的地区静冈县和神奈川县也能安家落户了。其中，地处本州岛最南端的和歌山县（在大阪以南）因气候相对温暖，成为温州蜜柑的主要产地，其产量占日本全国的20%。其影响所及，日本放送协会（NHK）制作的电视剧《阿浅来了》（2015）里也安排了大阪城里的破落户眉山惣兵卫前往和歌山经营橘（温州蜜柑）园以期东山再起的情节。

庞大家族

而在另一个方向，就像英国著名科学家李约瑟所说的那样："（柑橘）这些果树向西方的缓慢传播是一个史诗般的故事，几乎可以与各种发明创造的传播相比拟。"

在柑橘家族中，最早西传的是枸橼（Citrus medica）。裴渊在《广州记》中记载："树似橘，实如柚大而倍长，味奇酢。皮以蜜煮为糁。"其果实色黄味酸，有时带苦而香，古代中国人用它来制作蜜饯。枸橼很早就通过"陆上丝绸之路"的前身传到了西亚地区。大约公元前300年左右,枸橼已由亚力山大大帝的远征军带到西方地中海地区,并受到当地民众的青睐,成为当地栽培最早的一种柑橘类果树。从公元前136年开始,枸橼就在犹太人的结茅节仪式中成为重要的果品。至维吉尔时期(约公元前30年),枸橼被进一步引入罗马帝国的本土意大利栽培,这也是使其成为此后数个世纪里欧洲仅有的一种柑橘类果树,其名称(Citrus)也成为后来柑橘类果树在欧洲语言中的统称。

约在12世纪中叶的时候,酸橙(C.aurantium)经阿拉伯人传入北非和地中海地区,稍后,柠檬(C.limon)和柚子(C.grandis)也开始传入地中海地区和西班牙等地。酸橙也是此后约5个世纪内欧洲人所知的唯一一种橙子。"它的果肉很软,与香橼相比,果核要更硬,树干也更高更粗,但没那么怕冷",因此在欧洲广泛种植。文艺复兴时期,威尼斯共和国驻西班牙大使曾描述他在西班牙境内见到的酸橙树盛景,巴塞罗那是"一座漂亮的城市,地理位置优越,有许多长有桃金娘、酸橙和香橼的美丽花园。"意大利人更是把酸橙树移植在小桶、小盆内，制成可以随意移动的盆栽，以至于酸橙树成为"文艺复兴式别墅"和"意大利式花园"中不可或缺的园艺景观。

可能是在16世纪上半叶，葡萄牙人将中国所产的优质甜橙带回首都里斯本作为果树栽培。欧洲人曾因此把甜橙叫做"葡萄牙橙"。葡萄牙人在甜橙优良品种的传播和普及栽培方面有着举足轻重的影响。柑橘类果树，特别是甜橙受到地中海沿岸国家的高度重视，人们努力扩展它们的栽培范围。此后，欧洲一些国家建筑柑橘温室的风气盛行，以扩大各种柑橘类植物的引种栽培。柑橘还于1654年被引进到南非。

1492年哥伦布发现新大陆以后，橙子和许多农作物种子一起，被欧洲人带入美洲。这就使美洲国家，如巴西、墨西哥、美国等原本难觅橙踪迹的地区，如今都已成为橙的主要产地。大约在16世纪20年代前后，这类水果已经被引进美洲大陆。约在16世纪下半叶，西班牙殖民者把甜橙引进到佛罗里达、南卡罗来纳等今美国东南数州、中美和秘鲁。佛罗里达半岛三面环海，气候温湿，很适于柑橘的生长发育，如今已发展为世界上最大的柑橘生产基地之一。而一些耶稣会士于18世纪下半叶则将柑橘引进加利福尼亚。此外，葡萄牙人则于

16世纪中叶前后，把甜橙引到今巴西一带。当地后来还培育成功一个优良品种，即著名的"华盛顿脐橙"。它因果顶附生发育不全的次生小果囊瓣，出现大果包小果现象，有孔如脐而得名。

另一方面，在17世纪的西印度群岛，还诞生了葡萄柚（西柚）。它的果实的风味具有葡萄果实味道，酸甜可口，而且果实着生在结果枝上形成串穗状，好似葡萄的果穗，故称之为葡萄柚。但它其实与葡萄毫无关系，而具有柚子的一些遗传性状，花朵和营养器官的形态很像柚子，但其果实只有拳头大小，比起柚子又小得多。有人分析，从遗传学上看，葡萄柚是橙子与柚子的杂交品种。恰如达尔文所言："若干远古栽培的植物已经发生如此深刻的变异，以致现在不可能辨认出它们的原始祖先类型。"由

华盛顿脐橙果顶附生发育不全的次生小果囊瓣。

于它无法归入橙子与柚子两者中的任何一个,只能自成一类。因此柑橘这个源自中国的庞大家族又多出了一个成员。目前,柑橘已成为世界上最重要的常绿果树,也是除香蕉和葡萄外最重要的果树。毫无疑问,这也是中国对世界饮食文化做出的一大贡献。

航海家的困境

柑橘在西方的近代历史发展上,曾经扮演了一个"大救星"的角色。这恐怕是将其引入欧洲的阿拉伯人始料未及的。

事情的起因要从所谓"大航海时代"说起。欧洲的冒险家们为了追求香料和黄金,纷纷乘帆船横渡海洋去争夺殖民地。可是,当时的航行的确称得上是九死一生。譬如,1522年9月6日,维多利亚号胜利返抵西班牙,终于完成了人类历史上首次环球航行。这一次,他们运回来几十吨珍贵的东南亚香料,当时一把丁香即可换取一把银币,这船香料和檀香木最终共卖了78万多枚西班牙币,不仅完全冲抵了探险队的全部费用,而且还挣得一大笔利润。然而,能够享受这笔惊人财富的幸存者可以说少得可怜。从西班牙出发的时候，以著名的麦哲伦为首，船上共有265人，而返回西班牙的欧洲人只剩下区区18人。

当然，人员损失的原因有很多。远航中的饥饿是罪魁祸首之一。参加麦哲伦环球航行的当事人曾经记载，"我们已有三个月又二十天没有吃过任何新鲜食物。我们吃饼干，其实那些东西已不成其为饼干，而是爬满蠕虫的碎屑，因为虫子已把好的啃光了，而且它还发出一股鼠尿臭。我们喝的是黄水，因为储存过久，臭得令人作呕。我们也以牛皮充饥。这些牛皮本来是包在桅樯木上以防磨损帆索之用的，由于风吹雨打日晒，已经变得非常之硬。我们先把牛皮浸在海里四五天，再在余火灰烬上烤一会儿，然后再吃。我们常吃木板锯屑。老鼠的价格是每只半个杜卡特（一种金币），但最后连老鼠都买不到了"。

不过，相比之下，最可怕的杀手还是"坏血病"。古代印度三大医学家之一素什腊塔的著作中也曾描述，说发此病时，患者"齿龈突然出血并逐渐腐烂、发黑，分泌黏液，发出臭气"。而在进入大航海时代后，坏血病又成了远航船员们的噩梦。早在1498年，达·伽马率葡萄牙船队开辟欧亚新航路后返程，在从东到西斜渡印度洋时陷入了无风地带，就发生了世界航海史上有明确文字记载的第一场坏血病："我们都生着重病，牙龈肿得包住了牙齿，以致不能吃东西。腿也浮肿起来，身体的其他部位也出现肿胀并蔓延开来，直到患病者死去，即使没有什么别的疾病症状。在此状况下死去者有三十人。"

从此，坏血病就成了欧洲人远洋航行探险的大敌，堪称不折不扣的"海上凶神"。起初生这种病的人脸色由苍白变微黄或发黑，牙龈出血，嘴巴里有难闻的臭味，腿上出现斑点。接着，皮肤由黄变紫，全身关节疼痛，皮下出血，小便带脓。最后会变得呼吸困难，牙齿脱落，腿和腹部肿胀，两脚麻木，大便秘结，甚至连骨头都肿起来。病人往往因受不住深入骨髓的痛苦而自杀，即使强忍剧痛，还是会因大量出血而死。1593年时，英格兰船长理查德·霍金斯因此呼吁道："坏血病是大海上的瘟疫，水手的噩梦，应当有个学识渊博之人描写一下这种疾病。"

今天人们已经知道，令人谈之色变的坏血病其实就是维生素C缺乏症。维生素C能维持人体各种组织和细胞间质的生成，并保持它们正常的生理机能。人体内的母质、粘合质和成胶质等，都需要维生素 C 来保护。但与其他灵长类动物一样，人体自身并不能合成维生素C，只能依靠饮食摄入。当摄入的食物中的维生素C不够了，细胞之间的间质——胶状物也就跟着变少。这样，细胞组织就会变脆，失去抵抗外力的能力。初期的坏血病表现为皮下出血、口臭以及牙齿松脱；到了晚期，会引起内脏血管破裂，造成死亡。

然而在很长一段时间里，欧洲的医学界对坏血病却束手无策，甚至连病因都搞不清楚，只能病急乱投医。陆续出现的治疗坏血病的方法堪称五花八门：有把身体埋在土里的；有吃老鼠的（因为船上的老鼠不得坏血病，但那是因为啮齿动物可以自身合成维生素C）；有采用放血疗法的；有用动物血洗澡的；有喝糖蜜的；有锻炼身体的……比如哥伦布在航行的时候也碰到过坏血病，哥伦布认为这既然是血的问题，那就应该放血。当时确实有很多船员放掉些血，然后把动物的血灌到自己的身上。在一些情况下，坏血病也的确好了，但是更多情况下却使病情加重，所以谁也不知道哪种方法真的有效。结果，大航海时代的欧洲船员们只能继续一批批因为坏血病死在远航途中。

就以英国来说，在整个16世纪，英国海军船员的阵亡率与病死率之比高达 1∶50。而在 17 世纪，每年死于坏血病的患者竟高达 5000 人。直到 18 世纪，虽然从现代医学的角度来看，坏血病的治疗方法是显而易见的，但它仍然是当时最大的医学谜团之一。1740 年 9 月，英国皇家海军将领乔治·安森（George Anson）率领"百人队长"（Centurion）号等 6 艘舰船前往智利海岸执行作战任务。在船队绕过合恩角进入太平洋后，坏血病的暴发不期而至："……（坏血病）以惊人的速度发展，在损失了 200 人之后，我们甚至无法凑齐 6 个人去前桅那里值勤……"1744 年 6 月，当安森一行返回英国时，出发时的 1900 余名海员仅剩 500 余名；在殒命的 1400 余人中，死于坏血病的约有 1050 人——而死于敌方攻击的仅有 4 人。

简单的答案

不过，经过几百年的摸索，人们还是逐渐注意到了一些幸运儿的事例。比方说，在麦哲伦的著名环球航行中，尽管水手们因坏血病大批死去，麦哲伦等领导者却没得过坏血病，这是因为高级人员会带一些榅桲糕吃。榅桲又叫木梨，是一种欧洲常见的植物，有香味，但嚼起来像木头渣。桪梓熬煮成果酱，胶质释放出来，可以凝结成黏软香滑的果冻，就像山楂糕一样。而且桪梓果酱要掺柠檬汁。另外，1597年，荷兰航海家巴伦支在航海中患坏血病去世，之后他的船队到了一个小岛上，船员们发现了一种钥匙形小草。他们吃了几把这种草后精神振作了起来，本来都已嚼不动面包，后来却能嚼能咽了。

此外，去格陵兰的旅游者陷困在北极冬季冰层中，曾用了一种奇怪却又成功的疗法——喝鲸鱼和海豹的鲜血治愈了坏血病。今天人们已经知道其中的原因——肉食与蔬菜水果一样能补充维生素C。每100克生牛肝和生牡蛎中的维生素C含量可以达到30毫克以上。只是我们在烹饪肉类时会持续高温加热，其中的维生素C几乎都被破坏了。如果能忍受生肉的口感滋味，又没有寄生虫威胁，人类完全可以从肉类中获得足够的维生素C。北极的土著因纽特人就是这么做的。在完全没有蔬菜水果的情况下，他们依靠吃生肉来补充维生素C，也因此而被南方的印第安人称为"爱斯基摩人"，意思就是吃生肉的人。

到了18世纪，对于即将成为海上霸主的英国人来说，坏血病已经是个迫在眉睫需要解决的问题——会不会是军舰上的饮食出了问题，引发了坏血病呢？

说来有趣，尽管有不少文章诟病当时英国军舰上水手的伙食条件，譬如"蛆虫好像牛犊蹄冻，吃起来清凉爽口"，但实际上，当时英国海军的饮食水平是高于英国国内民众的平均水平的。1731年的《皇家海军管理条例》规定，水兵每个礼拜的食物包括：7磅饼干、7加仑啤酒、4磅牛肉、2磅猪肉、2品脱豌豆、3品脱燕麦、6盎司黄油和12盎司奶酪。一个水兵每周有4天可以吃到肉类，肉类产品供应量达到6磅，这远远高于当时普通百姓的生活标准。

但是，用今天食品营养学的眼光来看，海军的这套食谱其实存在严重问题。因为当时储藏食物的手段有限，长期漂浮在海上的军舰无法携带各种容易腐坏变质的蔬菜、水果，海军的日常饮食中基本都是饼干、咸牛肉、咸猪肉、奶酪等不易变质的食物。很容易发现，这些食物固然有助于海军摄入蛋白质、脂肪等身体必需的营养成分，但同时也威胁着水兵的健康，因为它们无法提供各种身体所需的维生素，自然会引发坏血病。

于是，在1747年，英国军医詹姆斯·林德（James Lind）进行了一次著名的实验，他在航行中的索尔兹伯里号军舰上挑选了12名坏血病患者。这12个船员分为6组，三餐食物和其他船员完全一样，唯一不同的是摄入了被认为可以治疗坏血病的药物。林德让他们一起躺在船只的前舱里，分别接受不同的治疗措施："每人每天饮用1夸脱苹果酒；每人每天空腹服用3次硫酸精华液，每次25滴，并用含酸味的漱口水漱口；每人每天空腹服用醋3次，每次2勺；每人每天2个橘子和1个柠檬；每人每天服用3次大剂量的肉豆蔻；两个最糟糕的病人采用海水浸泡法。"经过一段试验的观察，结果表明，食用橙子和柠檬的两位病人病情明显好转，其中一个病人在实验进行6天以后就可以开始工作了，而另一个则被派去看护其他病人。

答案因此变得显而易见了，食用橘子和柠檬可以治疗坏血病！1754年林德发表论文《论坏血病》，1757年又发表论文《保护海员健康的最有效的方法》，阐述了他的发现和研究成果。著名的库克船长受其影响，在1772年至1775年横渡太平洋的探险中，每天定量给船员服用一些柠檬汁，没有柠檬汁时就用船上的泡菜代替，结果立竿见影：当历时 3 年的航行结束时，在 180 名海员中，除 1 人因其他病死亡外，无一人得坏血病。

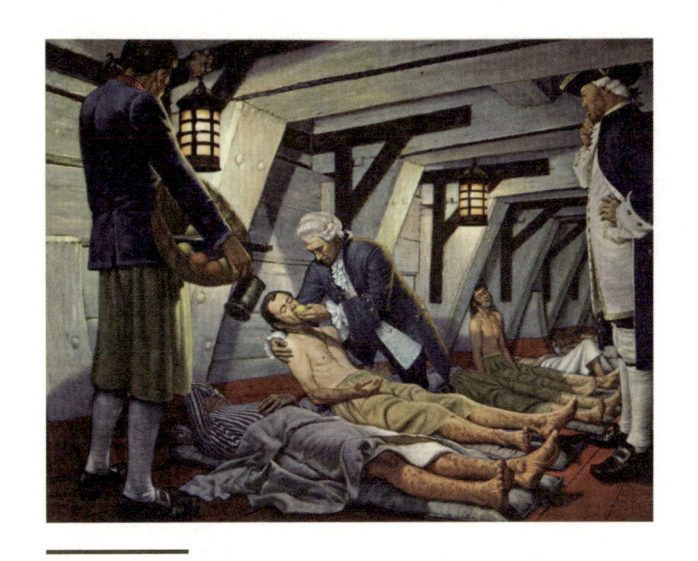

1747 年，英国皇家海军外科医生詹姆斯·林德进行了临床试验，证明柑橘类水果可以治愈坏血病。

在事实面前，顽固的官僚也改变了看法。1795 年，英国海军大臣终于同意义务给所有船只订购柠檬汁来预防坏血病。在 1795 年到 1814 年间，英国皇家海军舰艇获得了 160 多万加仑的柠檬汁。英国海员的健康状况发生了立即和显著的转变。据统计：1780 年，英国海军患坏血病死亡 1457 人，到了 1806 年，死亡人数骤减到 1 人，到 1808 年，坏血病便在英国海军中绝迹了。自此以后，柠檬汁成为英国海军的必备品，"柠檬人"一词，也就成了英国水手的俗称。在著名的英法特拉法尔加海战（1806）爆发前 1 个月，英军地中海舰队追加订购了 2 万加仑柠檬汁，以补充之前消耗的 3 万加仑柠檬汁。于是，尽管在海上航行数月之久，且没有中途靠港，但参加特拉法加海战的英国水手完全没有被坏血病困扰。

当然，准确地说，治愈坏血病的是柑橘中的维生素 C。1928 年，维生素 C 首次被分离出来，1932 年，维生素 C 被证明为抗坏血病因子，坏血病对人类的威胁终于宣告解除。不过，历史事实仍旧是很清楚的，正是源自中国的柑橘从坏血病手中拯救了无数水手与探险家的生命，甚至在一定程度上成就了欧洲人的全球扩张。换句话说，在一定程度上改变了人类历史的进程。

猕猴桃：土生土长的"奇异果"

近年来，猕猴桃逐渐成为了水果市场上的宠儿。它的果实形状多样，有的呈卵形，有的呈球形，果皮则呈现出绿褐色，一旦切开，便会发现果肉碧绿如玉，质地细腻柔滑，口感细嫩多汁。品尝起来，猕猴桃酸甜可口，满口芳香，令人陶醉。此外，猕猴桃还有一个别名，那就是"奇异果"。这个名称来源于新西兰，因此许多人误以为猕猴桃产自异国他乡。但实际上，猕猴桃的故乡正是中国。

历史悠久

今天人们所说的"猕猴桃"，其果形一般为椭圆状，大小似鸡蛋（长约6厘米、横径约3厘米、圆周约4.5至5.5厘米），外观呈绿褐色，表皮密被黄棕色绒毛；其内是果肉和一排种子。严格说起来，猕猴桃从20世纪初期才开始进行驯化栽培，距今不过百余年的历史，称得上是当今最"年轻"的商品性水果之一。但作为一个植物物种，它的历史却是相当悠久的。

生物学上的猕猴桃属是个"人丁兴旺"的大家族，现有54个种，21个变种，广泛分布在亚洲东部。中国是猕猴桃属植物的原产地，已发现距今2600万—2000万年前中新世早期的猕猴桃叶片化石。2008年11月，在新西兰举办的国际猕猴桃大会上，来自19个国家的200多位专家一致认定，中国是世界猕猴桃的起源中心。

在现有的猕猴桃属54个种中，有52个为中国特有种或以中国为中心分布，仅有尼泊尔猕猴桃（*A. strigosa*）和白背叶猕猴桃（*A. hypoleuca*）为周边国家特有分布。在中国国内，猕猴桃的分布相当广泛，北方的陕西、甘肃和河南，南方的两广和福建，西南的贵州、云南、四川，以及长江中下游流域的各省都有，尤以长江流域最多。其中云南的物种分布最为丰富，有45个种分布，其中特有种10个；其次为广西32个种，特有种7个；湖南、贵州、广东、江西、四川等也有20个以上的猕猴桃种分布。

野生的猕猴桃很早就已进入了古人的视野。在先秦时代的《诗经》里，有一首《桧风·隰有苌楚》，里面写道，"隰有苌楚，猗傩其枝"，"隰有苌楚，猗傩其华"，"隰有苌楚，猗傩其实"，描绘了名为苌楚的果树枝头摇曳，开花结果的景象。苌楚是什么呢？三国时期吴人陆机在《毛诗草木鸟兽虫鱼疏·隰有苌楚》里注疏，"苌楚，今羊桃是也。叶长而狭，花紫赤色，其枝茎弱，过一尺，引蔓于草上，今人以为汲灌，重而善没，不如杨柳也。近下根，刀切其皮，著热灰中脱之，可韬笔管。"另外，在《尔雅·释草》里也提到了苌楚。东晋的郭璞作注的时候同样认为，"今羊桃也，或曰鬼桃，叶似桃，花白，子如小麦，亦似桃。"实际上，现在湖北和川东一些地方，羊桃就是猕猴桃的俗称，而《诗经·桧风·隰有苌楚》里的"桧"地在今河南省密县东南，同样也是猕猴桃的高产地之一。因此，苌楚可能就是猕猴桃的一个古老称谓。

至于"猕猴桃"这个名称就显得有些姗姗来迟。唐代诗人岑参（约715—770）在《太白东溪张老舍即事·寄舍弟侄等》里写有一句"中庭井阑上，一架猕猴桃"。这就说明至迟在唐代，已经有了猕猴桃的称谓。从这首诗里还可以看出，唐人对猕猴桃的生态特性已有所了解。由于猕猴桃有喜温暖喜潮湿的习性，因此要把它栽种到中庭的井阑旁边。中庭开阔，可以获得足够的光照和温度，井栏边则潮湿多水，有利于猕猴桃的生长发育。诗中一个架字更是写得十分有神，由于猕猴桃是类似紫藤、葡萄的蔓状灌木，因此必须为其搭起支架，这对其生长更有利。

不过，岑参的诗里只提到猕猴桃的名称，不曾说明其得名由来。所谓猕猴桃，顾名思义，就是因其色如桃，最早由猕猴喜食而得名。宋代的寇宗奭在《本草衍义》里就说，"猕猴桃，今永兴军南山甚多，……深山则多为猴所食"。明代的大医学家李时珍（1518—1593）在《本草纲目·果五·猕猴桃》里更是直截了当地指出："猕猴梨、藤梨、阳桃、木子。……（猕猴桃）其形如梨，其色如桃，而猕猴喜食，故有诸名。"

猕猴桃当然不只是猕猴喜食的水果，山区的百姓也早就开始采食了。《本草衍义》里就提到："猕猴桃，今永兴军南山甚多，食之解实热。"另一本宋代文献《开宝本草·果部》里也认为："一名藤梨，一名木子，一名猕猴梨。生山谷，藤生，着树，叶圆有毛，其形似鸡卵大，其皮褐色，经霜始甘美可食。"南宋的《海录碎事》也记载:"洋州云亭山生猕猴桃,甚甘酸,食之止渴。"

除了当作水果之外,古人也注意到了猕猴桃的药用价值。唐代的《本草拾遗》中开始将它作为一种药物记载。至于其药效,《开宝本草》的作者则认为猕猴桃有"止暴渴,解烦热"等功能。李时珍在《本草纲目》里也提到:"猕猴桃味酸,甘寒无毒,主消渴,解烦热,冷脾胃。"清代药物学家赵学敏(约1719—1805)对猕猴桃的药用价值的叙述更加详细,在其《本草纲目拾遗》中这样写道:"猕猴桃甘酸无毒,可供药用,主治骨节风,瘫痪不遂,长年白发,痔病等。"但直到清代,猕猴桃仍然是一个野生植物物种,还谈不上大规模的人工驯化,山区百姓采食的也都是野生状态下的猕猴桃。

吴其濬《植物名实图考》中的猕猴桃

植物猎人

从今天的眼光看，古代中国人不曾人工驯化猕猴桃似乎是个很奇怪的情况。对此，有人认为这与猕猴桃其貌不扬有关。的确，猕猴桃的果皮上布满粗毛的形象无法与美味水果建立起联系。而且，大多数猕猴桃果实是晶莹翠绿的，仿佛是并未成熟的生果子的代名词。还有意见认为，这与中国古代传统上对水果的偏好有关——比较脆或甜的梨、枣、李、桃等水果很早就被我们的先民驯化栽培，为了获得这些果树中的良株和提高口感品质，中国人在栽培技术上的开拓可谓竭尽所能；与之形成对照的是，浆果的重要性并不突出。德国园艺学者柏特蓝·克路（Bertram Krug）曾指出："中国人特别喜欢坚硬的果实，殊可注意，他们宁愿吃坚硬的山东梨，不愿吃北京的软梨……他们对于山中大量出现的浆果，如覆盆子、悬钩子、鹅莓和草莓，不是不加栽培，就是栽培无几。"作为一种浆果，猕猴桃不适合储藏，也不像柿子、葡萄适合做成果干（柿饼、葡萄干）。这或许也是猕猴桃在古代中国受到冷遇的原因之一。

直到19世纪末，猕猴桃都长期处于"养在深闺无人识"的状态。在此之前，18世纪中叶，法国传教士汤执中曾在中国澳门收集到猕猴桃的标本送回国。大约1个世纪后，英国东印度公司的雇员也从我国送回过猕猴桃标本，但都没有产生什么影响。然而，自从1840年鸦片战争打开了中国的国门，日益沦为半殖民地的晚清政府已无力阻止帝国主义列强在中国腹地的"探险"以及对自然生物资源的考察及掠夺。从植物地理上看，中国拥有横跨热、温、寒三带的广阔地域，拥有从青藏高原到江浙平原的多样地貌，拥有从湿热雨林到干冷荒漠的多样气候，中华大地的确为多种多样的植物提供了舒适的栖身之所，却也因此成为了欧美"植物猎人"们的天堂。

英国人亨利·威尔逊（Emest Henry Wilson）就是其中之一，此人5次来华，其足迹遍布今天的四川、重庆、云南、湖北等地（详见《花栽于园而飘香墙外：从中国走向世界的杜鹃花》），用他自己的话来说，"我用一个自然爱好者和对自然历史各个方面有兴趣的植物学家的眼睛观察中国"。此人在湖北西部引种植物时，很快注意到这种猕猴桃的果树："这种藤本植物不仅果可食，叶、嫩枝和花均有观赏价值，是一种优良的园林植物。花大，芳香，白色渐变为酪黄色。"很快，经由威尔逊之手，猕猴桃被引入英国，在 1911 年结果。不过，这时它还只是一种受欢迎的观赏植物。同样的情况也发生在大西洋彼岸，美国农业部也曾对猕猴桃进行培育驯化，由于果树品种选育的复杂性，也未能将它转化成一种商业果品。

另一方面，1900 年时，威尔逊还将猕猴桃引种到湖北宜昌外国人的居住点。从饮食习惯来讲，西方人普遍喜食浆果，偏酸味的水果也一直较受欢迎，草莓、醋栗、葡萄等浆果至今在西方的果品市场中占据主导性地位，也适合加工成他们喜爱的果酱、果饼。猕猴桃也因此赢得了青睐。那些在宜昌的西方领事人员、海关人员、商人和传教士等因得到一种新型的果品而大饱口福。因为他们觉得猕猴桃的味道像西方久已栽培的醋栗，就管它叫"宜昌醋栗"。

时隔不久，居住在江西九江，特别是庐山一带的外国人也对猕猴桃产生了兴趣。庐山拥有 4 种猕猴桃，其中牯岭地区生长着大量的猕猴桃，因此每年 7 月底，当地的山民们都会拎着篮子采摘成熟的猕猴桃，然后带到城镇出售。在这个季节，居住在牯岭的西方居民常常将猕猴桃制作成醋栗饼或醋栗酱。随着时间的推移，一些精明的商人看到了商机，于是在牯岭和九江成立了"达富公司"（J. L. Duff & Co.）来经营猕猴桃生意。他们不仅将鲜果用大桶装贮，还制作成了小桶装的果酱，运到上海的商店销售。由于这种果品在市场上受到欢迎，有些外国人还试图在牯岭的小学校园栽培猕猴桃，但在相当一段时间内没有成功。换句话说，猕猴桃虽然已经初步为世界所知，但还没有遇到合适的人传播到合适的地方。

远涉重洋

说来有趣，彻底结束猕猴桃沉睡山野几千年的历史的人物，并非什么植物专家，而是一个十足的"非专业人士"。1903年，一位名叫伊莎贝尔·弗雷泽（Isabel Fraser）的新西兰女教师利用假期前往湖北宜昌看望她的姐妹凯蒂（C. G. Fraser），当时凯蒂在宜昌当基督教传教士。在这里，她得到了猕猴桃的种子。第二年初，伊莎贝尔·弗雷泽返回新西兰的时候，她把一小袋猕猴桃的种子带回到自己的国家，然后给了该校一个学生的父亲。后者又把这些种子给了在当地养羊和种果树的农场主爱里生(Alexander Allison)。爱里生将它栽培后大约于 1910 年开始在新西兰开花结果。这是 19 世纪末至 20 世纪初，众多欧美的植物探险采集者引种中国猕猴桃至海外试种以来的首次结果，也成为日后世界猕猴桃产业的起源。

起初，猕猴桃的种子主要作为礼物在新西兰的苗圃和业余植物爱好者之间出售或交换。到 1917 年，新西兰苗圃开始向公众提供猕猴桃（当时叫作"中国醋栗"）的幼苗，引起了越来越多人的兴趣。但种植者最初碰到了一个意想不到的问题——无法在形态上分辨猕猴桃的雌雄植株。

跟动物一样，植物也分雌雄性别。人们通常见到的果树，比如苹果和桃子，都有完整的两性花朵。简单来说，就是一朵花里面既有可以产生花粉（精子）的雄蕊，又有可以产生胚珠（卵子）的雌蕊，这两者相互配合就可以实现授粉受精，结出美味的果实了。但猕猴桃属的成员有一个特点，他们多为雌、雄异株。尽管雌株与雄株都会开花，但这些花都是形态上的两性花，生理上的单性花。在早期的驯化过程中，种植者最初很困惑，为什么开着完美花朵的雌株不结果。最终人们意识到，表面上完美无瑕的雌花并不能产生有生命力的花粉，要想真正得到果实，就必须把雄性植株的花粉传递到雌性植株的柱头上。这一步，既可以用人工的方法实现，也可以由蜜蜂来代劳。解决了这个难题之后，猕猴桃的大规模种植就不存在什么障碍了。

猕猴桃雌花　　　　　　　　猕猴桃雄花

到20世纪30年代初，在新西兰北岛的旺阿努伊（Wanganui），14株猕猴桃树已经结出了优质果实。果实很快被送往新西兰的其他城镇，并很容易销售出去。随后，在新西兰其他地区种植了更多的猕猴桃。不过，这些最早的猕猴桃果园面积都不大，一般不到1公顷。但1924年，新西兰种植者在实生苗中发现了一个猕猴桃品种，并以他的名字命名——"海沃德（Hayward）"。这种猕猴桃个头大，果形漂亮，酸甜

詹姆斯·麦克劳林被誉为"现代猕猴桃之父"，他站在新西兰最早的商业果园的一棵猕猴桃树边。《国家地理》1987 年 5 月刊

适度，储藏性能优良（室温条件下可以存放 30 天），简直就是为市场而生的水果。1934 年，麦克劳林（James MacLoughlin）在他丰盛湾地区的果园内第一次大规模种植猕猴桃，麦克劳林也因此被称为"现代猕猴桃之父"。

由于猕猴桃适合西方人的口味，栽培渐多。第二次世界大战结束后，新西兰的猕猴桃产量已有相当规模。1952 年，新西兰开始将猕猴桃试运到英国销售，1954 年送到澳大利亚。随着时间的推移，猕猴桃在水果市场逐渐占有一席之地。以英国为例，1952 年，只有 40 箱新西兰猕猴桃运往英国，1954 年是 563 箱，1960 年已经达到 18700 箱。

1959 年，新西兰猕猴桃首次出口到美国。为了在美国市场打响声誉，出口商决定为其取一个响亮的新名字，于是想到了新西兰的国鸟——不会飞的几维鸟（kiwi），将它的名字安到猕猴桃身上，于是有了"奇异果"（Kiwifruit）的称谓。据说，"Kiwi"原本是新西兰的土著毛利人因为几维鸟的叫声如同"Kiwi"而将这种鸟叫Kiwi，后来，外来的白人也将毛利人叫作Kiwi，最后，Kiwi又成了新西兰猕猴桃的别称。

结果，奇异果一炮走红。到1980年，新西兰栽培猕猴桃1.23万公顷，年产量达2万吨。其猕猴桃栽培区域主要分布于该国北岛沿岸一带，这一带冬季（7月）日平均气温为5℃左右，日平均最高气温为15℃左右；夏季（2月）日平均最低气温为14℃左右，日平均最高气温为24℃左右；年降水量为1295～1625毫米，通常分布均匀。这样的气候条件很适合猕猴桃生长。

当时，超过80%的新西兰奇异果产量已用于出口。随着出口量的增加，人们发现"海沃德"的果实更能够经受住运往欧洲的长时间海运的考验，比当时可用的其他猕猴桃品种要好得多。随着出口变得越来越重要，种植者认为水果质量和消费者满意度是最重要的，而"海沃德"凭借其大而美味的果实和出色的储存寿命取代了其他品种。到1968年,"海沃德"已占新西兰猕猴桃总种植面积的一半,1973年为95%,1985年为98.5%。因此,当其他国家(1960年左右的美国,1966年意大利,1967年法国,1977年左右的日本)开始种植猕猴桃时,他们也从新西兰引进了"海沃德"的种子。由此,全球(除中国外)猕猴桃产业出现了名副其实的一枝独秀格局,依赖"海沃德"作为其唯一的果树品种。与此同时,奇异果这个新名字也在西方市场得到了广泛的推广,很快就被商业和科学文献接受。其影响所及,在相当长的时间里,人们竟错误地认为这种新兴水果起源于新西兰,而不是中国。

风靡全球

就这样,猕猴桃从一种并不太引人瞩目的野果,成为世界著名的商品水果。到20世纪将要结束的时候,全世界的猕猴桃产量已经达到100万吨,在国际市场上非常畅销。除了猕猴桃比较符合西方人的饮食传统之外,其自身的优势也帮助它成为一种健康水果。从营养学角度看,猕猴桃是一种低能量、低脂肪、高维生素和多矿物质的水果,食用价值远超其他果品。譬如,猕猴桃的含钙量是葡萄柚的2.6倍、苹果的17倍、香蕉的4倍;维生素C的含量是柳橙的2倍、柑橘的5～10倍、西红柿的9～18倍,不愧为维生素C的宝库;在前三位低钠高钾水果中,猕猴桃由于含有较香蕉和柑橘更多的钾而位居榜首。这些都是维持人体正常新陈代谢与组织器官生理功能不可或缺的物质。

而在第二次世界大战后席卷全球的猕猴桃热潮里,作为祖源地的中国也不曾缺席。20世纪50年代,我国科研单位才开始对猕猴桃进行资源调查及分类研究。20世纪70年代,我国从新西兰引进了一些猕猴桃优良品种,同时开始发展自己的良种选育工作。1978年,由农业部、中国农业科学院郑州果树研究所组织召开第一次全国猕猴桃科研协作会以来,开始全国范围的猕猴桃野生资源普查、发掘、种质鉴定及育种和栽培研究工作。到20世纪90年代,中国猕猴桃产业开始呈现上升趋势。从品种搭配、优质高产栽培到保鲜贮藏等,形成了一整套成熟的生产管理技术。在1978年以前,我国仅有不到0.66公顷猕猴桃标本园。到2001年,全国猕猴桃主产县的栽培面积已达5.8万公顷，产量32.9万吨，约占世界猕猴桃同年总产量的1/4。

相比其他国家，中国发展猕猴桃产业有一个得天独厚的优势。作为猕猴桃属植物的起源中心，中国野生猕猴桃的资源十分丰富，大自然已经为我们准备好了优秀果实。目前，人类栽培利用的猕猴桃主要是"美味猕猴桃"和"中华猕猴桃"这两个种。大名鼎鼎的"海沃德"就属于前者。而中国广泛栽培的"美味猕猴桃"品种"秦美"（1981年选育）就是在陕西省周至县发现的野生优良植株，另一种"美味猕猴桃"主力品种"米良1号"（1983年选育）则是从湖南凤凰县米粮镇的野生种群中挑选出来的。从20世纪80年代末开始，中国的园艺学家利用嫁接或者扦插繁殖的办法，推广种植这些优良品种。

从20世纪70年代开始，中国对"中华猕猴桃"的驯化培育也逐渐步入正轨。相比"美味猕猴桃"，"中华猕猴桃"最明显的特征是其果实的颜色。猕猴桃的果肉颜色是由三类色素共同决定的，分别是叶绿素、类胡萝卜素和花青素。不管是哪种猕猴桃，在果实未成熟之前叶绿素都是最优势的色素。但是，"美味猕猴桃"在成熟后，果实里的叶绿素在成熟时也不会减

种植户在采收"红阳"猕猴桃。
杨文斌 摄

少,所以传统猕猴桃品种的果肉都是绿色。而"中华猕猴桃"却与其不同,随着果实的成熟,其果实中的叶绿素会逐渐减少,因此展现出成熟果实的"正常"颜色(黄色、白色或者红色等)。而这正是水果商们梦寐以求的效果——人类对水果色彩有着根深蒂固的天然喜好。比方说,名为"红阳"的"中华猕猴桃"品种因为富含花青素的缘故,靠近果心部位的果肉就显露出鲜艳的红色。而它是纯粹土生土长的"中华猕猴桃"品种，源于1986年采集于河南的"中华猕猴桃"优株资源，经实生混合群体在四川选育而成。另外一种"中华猕猴桃"品种"金桃"在成熟时，则会呈现出类胡萝卜素所特有的黄色。这个品种原代号"武植81-1"，是由中科院武汉植物园在江西省武宁县发现的"中华猕猴桃"野生优秀植株发展而来的。

如果以1978年全国猕猴桃资源普查为起点算起，在短短40多年时间里，通过对本土"中华猕猴桃"的驯化培育，中国改变了世界猕猴桃产业单一品种格局，形成了红、黄、绿3色猕猴桃新品种的全球栽培趋势，推动了猕猴桃市场产品多样化和消费多元化。完全可以预期，随着中国猕猴桃产业的进一步发展，世界对于这种新兴水果的认知，必将从新西兰的"奇异果"回归到它的真正名称，也就是中国的"猕猴桃"。

桃:源自中国的"波斯果"

《诗经·国风·周南》有这样的诗句:"桃之夭夭,灼灼其华。""桃之夭夭,有蕡其实。""桃之夭夭,其叶蓁蓁。"短短几句话,对桃的花、果实的神态作了很生动的刻画。这也说明早在3000年前,古代中国人就已经对桃这种兼具观赏价值的果树非常熟悉了。奇怪的是,"桃"的学名"Prunus persica"直译过来却是"波斯(伊朗)果"的意思。这又是怎么回事呢?

桃之夭夭

实际上,中国是无可争议的桃的原产地。从植物习性上看,桃树属于喜光树种,光照不足,枝梢容易徒长,花芽分化少、质量差,易落花落果。因此,适宜生长在四季分明的亚热带、温带地区。这种亚热带/温带落叶果树起源于中国最重要的植物地理学证据之一，就是中国各地分布有大量的野生桃树。目前我国仍有野生桃、光核桃、山桃、甘肃桃、新疆桃、陕甘山桃、榆叶梅、长柄扁桃、西康扁桃、蒙古扁桃、野扁桃、扁桃等桃属植物自然群体分布。顺便提一句，桃属属于蔷薇科，这也是一个发源于中国的植物类群。中国也是蔷薇科现代分布和分化的中心。这个科的植物全世界约有 100 个属，中国就有 60 个属；全世界共有约 2000 种，中国就有 900 种。

在桃的各种野生亲缘物种里，最值得注意的是分布在中国西北陕西、甘肃一带的甘肃桃。这一物种的个体间类型较多，其根部皮色有红、白之分，种仁有苦、甜之异，果实大小亦有较大差异，小者仅 5 克，大者达 40 克以上。有学者指出，甘肃桃的外形与栽培种极为相似，其与栽培桃的主要差别在于后者冬芽无毛。由此可见，多类型的桃原生种和近缘野生种的普遍存在，充分说明中国是桃的栽培起源中心，而栽培桃的直接祖先最有可能就是甘肃桃。进入 21 世纪后，云南昆明附近因山体滑坡而暴露出一片地层，人们从中发现了 8 枚桃核。这一发现不同寻常，因为其年代可以追溯到上新世晚期（大约 260 万年前）。从形态学角度来看，这批桃核与今天中国部分地区人工栽植的地方桃品种颇为相似。古生物学家将这些桃核化石命名为昆明桃,他们认为,在人类开始栽植桃树之前很久,桃树就已经能结出硕大的果实了。

昆明北部发现的桃核化石。
中国科学院西双版纳热带植物园藏

在原始农业形成之前,采集野生果实是古人类的一个重要食物来源,桃的果实甘甜味美,自然也是个理想选择。从考古发现的情况看,桃也是中国古代先民最早利用的水果之一。在距今 8000—9000 年的湖南临澧胡家屋场、距今 7000 年的浙江河姆渡新石器时代遗址、江苏海安青墩遗址、浙江钱山漾新石器遗址以及河南新郑裴沟北岗新石器遗址里都出土过桃核。尤其是在河北藁城的商代遗址中出土的桃核，其形状、大小、沟纹及缝合线都与现代桃的桃核极为相似。

从古代有关历史文献记载来看，桃树也是中国栽培的最古老果树之一。世界上最早以文字记载桃的书籍首推中国之《诗经》，距今已 2500—3000 年。《诗经·魏风》中有"园有桃，其实之肴"的句子。园中种桃，自然是人工栽培的；植桃为园，则表明已有一定的种植规模。而《尚书·武成》有周武王克商后"乃偃武修文；归马于华山之阳，放牛于桃林之野"。这就更说明西周初年就有了桃林。传世文献佐证考古成果，也可以断定桃树在中国的栽培史应当远在 3000 年以前了。

桃树的栽培，可以说是中华先民对人类文明做出的一个贡献。桃树可谓全身是宝。桃花色彩艳丽，是人们喜爱的观赏花卉。阳春三月，桃花绽开，重花叠萼，锦绣堆成。盛花时节，成片的桃树林姹紫嫣红，蔚为壮观。桃果也是上乘水果，它果形美观、肉质甜美且营养丰富——富含碳水化合物、蛋白质、脂肪、膳食纤维、维生素A2、维生素B1、维生素B2、维生素B6、胡萝卜素、钙、铁、锌、镁、钾、磷、钠、硒等营养成分和矿物质。而据《中药大辞典》介绍，桃树的根、皮、枝、叶、花、果、仁等均可以作为药材。特别是桃仁为中医要药，它含有苦杏仁甙、挥发油、脂肪酸等，性味苦、甘平。有破血逐瘀、润燥滑肠的功能，对治疗经闭症、热病蓄血、瘀积肿疼、血燥便秘等都有明显的疗效。

长期以来，中国古人利用丰富的桃树资源，选择和培育了绚丽多彩的桃树品种。明代的李时珍在《本草纲目》一书中就收录了不少桃的品种。书中写道："桃品甚多，易于栽种，且早结实。……其花有红、紫、白、千叶、二色之殊，其实有红桃、绯桃、碧桃、缃桃、白桃、乌桃、金桃、银桃、胭脂桃，皆以色名者也。有绵桃、油桃、御桃、方桃、扁桃、偏核桃，皆以形名者也。有五月早桃、十月冬桃、秋桃、霜桃，皆以时名者也。并可供食。"

如今，起源于中国的桃果品种据说已超过800个。神州大地，南至江浙，北至吉林，几乎遍植桃树，四季都产鲜桃。比如，"四月白"产于湖北，"五月鲜"出自北京，"六月圆"生在河北，吉林有"七月红"，南京有"八月寿"，山西有"九月菊"，陕西有"十月蜜"。陕西关中地区有一种冬桃，要到十一月底才能采收，寒冬上市。我国辽阔大地春、夏、秋、冬四季都有鲜桃上市，堪称"四季桃乡"。

在风味万千的桃果中，还有几个普通桃的变种，譬如蟠桃、油桃与寿星桃。蟠桃的果实为不正扁圆形，中心四陷，又叫饼子桃。果皮绿黄色，顶面有美丽的红霞和褐色斑点，肉白色，近核处紫红色，柔软多汁，滋味香甜，品质极佳。特别是吴承恩在脍炙人口的小说《西游记》中，描绘了齐天大圣孙悟空饱食长生不老的蟠桃，更使其身价倍增，给人们留下了艳丽而又珍贵的形象。而油桃又叫光桃，果面有赤斑，光亮如涂油。至于寿星桃，明代王世懋在《学圃杂疏》里记载："寿星桃矮而花，能结大桃，亦奇可玩，桃殊不中食。"说明它是一种盆栽的观赏变种。

有趣的是，桃还是一种颇为"善变"的植物，在开花、果形、果肉颜色、风味、果核形状和大小等方面都会发生很大的变异。譬如达尔文就观察到，桃树上会由芽变而突然长出油桃。还有在同一株上同时结着普通桃和油桃，或者结着一半桃和一半油桃的桃树。他因此认为，桃是深刻地改变了的蟠桃，并肯定油桃是从蟠桃变异来的。另外，也有人用桃和扁桃杂交，所育成的扁桃一株上可结 500 多个果实；用桃和油桃杂交，则可以得到没有茸毛的桃子。

丝绸之路上的金桃

既然如此，桃子又怎么会变成"波斯果"了呢？这就要提到世界历史上著名的丝绸之路了。从公元前 138 至前 119 年，张骞两次出使西域，开拓了一条连接中亚、西亚、南亚以及欧洲等地的交通大道，这条道路在我国古代对外友好交流史上发挥过巨大的作用。由于当时在这条路上输出的物资中数量最多、最受欢迎的是丝织品，故欧洲的史学家把它称为"丝绸之路"。

通过这条丝绸之路，中原大批的丝绸、铜镜、漆器和其他商品用骆驼或驴作运输工具，跋涉于沙漠、碱滩、草原和峡谷之间，运往遥远的西亚及欧洲。反过来，随着丝绸之路的成功开辟，一些瓜果、蔬菜等也陆续传入内地，丰富了中原人民的生活。譬如"胡桃"（核桃）原产于今天的伊朗、小亚细亚一带。晋代的《博物志》里也说："张骞使西域还，得胡桃种，故以胡羌为名。"原产于喜马拉雅山南麓的胡瓜（黄瓜）也在汉代传入了中国，《本草纲目》对此的记载是："张骞使西域始得种，故名胡瓜。"胡麻（芝麻）的故乡远在非洲，北宋的沈括在《梦溪笔谈》里指出："中国之麻，今谓之大麻是也。有实为苴麻，无实为枲麻，又曰牡麻。""张骞始自大苑得油麻之种，亦谓之麻，故以胡麻之别，谓汉麻为大麻也。"这些"胡"名作物，因产于胡地而又形似中国原有作物而得名。当然，如此众多作物的引进不太可能是张骞一个人的功劳。但无论是谁将异域作物引入中国，他都为丰富国人的餐桌做了一件大好事。

至于桃，也正是通过这条古老的商路从中原向西传播出去。譬如，在帕米尔高原上的丝绸之路沿线城市塔什布拉克的遗址中就出土了桃核。在今天的中亚地区，桃子很早就成为一种重要的水果。后来，在这里生长出了一种果实呈金色的桃树。《册府元龟·卷九百七十》记载，"贞观十一年……康国献金桃银桃，诏令植之于苑囿。"《唐会要·卷一百》则写道："贞观二十一年……康国献黄桃。大如鹅卵。其色如金。亦呼金桃。"由此可见，康国人（今撒马尔罕）曾向唐太宗（约629—649年在位）献桃，桃色如金，大如鹅卵——这就是著名的"撒马尔罕的金桃"。金桃那金灿灿的颜色，使唐朝宫廷乐于将它栽种在皇家的果园里。

沿着古老的丝绸之路，很快，南亚的印度人与西亚的波斯人、阿拉伯人也品尝到了桃子的美味。唐代的玄奘在《大唐西域记》中曾记述关于桃树引入印度的传说：公元1世纪，远近驰名的印度贵霜帝国国王迦腻色伽当政时，我国河西（甘肃一带）的商人经常到印度去，带去了精美的丝绸制品和各种名贵水果，其中就有桃。迦腻色伽国王隆重地款待宾客。"三时易馆，四兵警卫。"中国人在那里播种了桃核和其他果核。几年以后，桃树在印度繁茂生长，结实累累，受到印度人民的赞颂，"国人深敬东土"。这个故事至今还在印度广泛流传。

而在西亚地区，考古发现也证实了桃作为种植水果的重要性。在叙利亚北部的迪班5号（Diban 5）遗址，从8世纪中叶至9世纪的文化层中出土了一枚桃核。而在同样位于叙利亚的梅达村遗址，一座12世纪的炉灶里也发现了1枚桃核。在伊朗西北部赞詹省的切拉巴德盐矿，考古学家发现了伊朗高原迄今为止保存最为完好的古代植物遗存。因洞穴中的盐度很高，一系列惊人的古代遗物因而得以留存至今，且保存状态极佳，其中包括谷物、水果和坚果。水果中便有可追溯到阿契美尼德王朝（前550—前330）的桃核和杏核。顺便提一句，阿契美尼德王朝的存在时期早于张骞"凿空"数百年。这也说明，早在丝绸之路尚未成形的时候，产自中国的桃子就已经流传到了今天的西亚地区。

由于历史上的波斯帝国在地中海世界的扩张及其影响力，欧洲人从波斯人那里知道了桃子这种新奇水果的存在。其大概的传播路线可能是先从伊朗到亚美尼亚，然后是希腊，最后则是罗马。比如，赫库兰尼姆古城有一幅著名的壁画，画面中描绘了几个桃子和一罐水。据推测，这幅壁画创作于50年左右，随后在79年的维苏威火山爆发时被埋葬。古希腊植物学者狄夫瑞士图（Theophrastus）因为对桃的认识几乎一无所知，于是将桃说成是"波斯苹果"，而18世纪的博物学家林奈又据此以波斯（persica）为桃的种名。1768年，米勒又以波斯为桃之属名，以讹传讹而定桃学名为Prunus persica——"波斯果"。至于欧洲语言中的"桃子"，如英文的peach、法文的Pecher、意大利文的Pesea、西班牙文的Persigo、葡萄牙文的Persego等，也都是由拉丁文persica演绎而来。

赫库兰尼姆古城的壁画，上面有桃子和水罐。

最早认为桃起源于中国的人是瑞士植物学家德堪道尔（A.de Candolle），他在1855年所著的《植物地理学》一书中，明确表示桃原产于中国。他后来又在其《农艺植物考源》（1882年）一书中，根据语言、文献和地理分布，进一步说明桃的"栽培确以中国为最古。中国之有桃树，其时代较希腊、罗马及梵语民族早千年以上"。"中国通西域之路开辟极早，以桃核翻山越岭，传至克什米尔、不花剌及波斯诸国自属可能的事。推测在梵语民族迁移与波斯、希腊交通往返时期。"伟大的生物进化论者达尔文研究了西欧产的桃树特性，与中国水蜜桃、重瓣花桃、蟠桃比较，认为中国桃是欧洲桃的祖源，相信它由中国传出，而非原产西亚，因为桃子也没有道地的梵文名或希伯来文名。到了今天，人们终于普遍承认，中国栽培桃树的时代较古代希腊、罗马和南亚的梵语国家要早1000年以上，而且桃树的所有变种几乎全部产于中国。

环球为家

桃子进入欧洲之后，渐次传入法国、德意志、西班牙、葡萄牙及其他国家，成为一种珍贵的美食。9世纪，欧洲种植桃树才逐渐多起来。英格兰金雀花王朝的"无地王"约翰（1166—1216年）死于征战途中的痢疾。后来莎士比亚在戏剧中嘲讽了这位国王临终的痛苦："你们也没有一个人肯去叫冬天来，把他冰冷的手指探进我的喉中，我只恳求一些寒冷的安慰；你们却这样吝啬无情，连这一点也拒绝了我。"有一种说法就认为，他在纽瓦克堡死于痢疾，病因很显然是因为他在肚子里塞进了过量绿桃子和艾尔啤酒。人人都知道成熟的桃子不应该是绿色，所以我们可以知道这位国王是因为什么才落得如此结局的。

在约翰王时代，即便是吃到尚未成熟的桃子恐怕仍然是英格兰统治阶级的特权。直到15世纪之后，包括桃和油桃在内的许多新水果品种才从欧洲其他地方来到英国，那些今天依然常见的品种名就是从这时开始出现的。例如，"厄尔鲁奇"油桃时至今日仍在出售，即使按照今天的标准它也是个很好的品种。不过，从欧洲的情况看，桃和油桃在南欧的地中海气候下才能最良好地生长——今天的意大利、西班牙都是欧洲的桃子生产大国，2016—2017年产季，西班牙出口了4.7亿千克的油桃和4.5亿千克的桃。如果要在欧洲北部栽培桃树，则必须加以保护或者在特别适宜的小气候中种植。这倒不是因为它们不耐冬季寒冷，而是因为它们需要比冷凉地区所能提供的更长更热的夏天——桃子的祖源地中国西北部的气候条件正是冬天寒冷、夏日炎热。因此，直到托马斯·里弗斯在20世纪初培育出著名的"鹰隼"系列桃品种之后，它们才进入较不适宜种植地区的种植者和园丁的视野。

不同品种桃子,从左到右分别是油桃、威尔士公主和海鹰。
《水果种植者指南》,怀特·约翰

哥伦布发现新大陆(1492年)后,桃树又跟随西班牙探险者来到美洲。据说印第安人很快开始种植桃树。而园艺家乔治·米尼菲(GeorgeMinifie)则在17世纪初将第一批桃子从英国带到了北美殖民地,并种植在他位于弗吉尼亚州巴克兰的庄园中。在美国的向西扩张过程中,桃子种植园也成为针对印第安人的军事行动的目标。1864年,一支美军成功远征亚利桑那州谢伊峡谷,摧毁纳瓦霍人的生计。这次战役毁掉了数千棵桃树。一名士兵说,这些桃树是"我在这个国家见过的最好的桃树,每一棵都结果实了"。

到了19世纪后期,美国东北部城市居民的生活水平不断提高,人们不再满足于饭桌上摆放着谷物面包、牛奶、肉类等普通食物,他们还希望吃到更多的新鲜蔬果,这就刺激了新英格兰蔬果种植业的发展。这时的蔬果种植不再局限于农民家的后院,取而代之的是专业蔬菜农场(Truck Farm)和果园(Orchard Industry)。不少农民保留了一定规模的玉米和土豆种植,但更多的精力被投入到牛奶和苹果、桃子的生产之中了。

不过,美国早期从欧洲引进的桃树品种不适应当地的水土气候,桃树开花多、结果少,发展受到了相当大的限制。直到20世纪初期,美国园艺家先后从我国引进450多个优良桃树品种,通过杂交和嫁接,在短短的十多年里,选育了适于亚热带气候的良种,使美国发展成为世界上最大的桃果生产国之一。此外,也是在20世纪初,美国还从中国引进了山桃,成为该国很好的杏、李和桃的育种嫁接砧木。在干旱或盐碱土壤区,以及寒冷的北方各州,很大程度上靠它形成了耐旱、耐盐碱和耐低温的果园。到20世纪50年代,美国许多地方的桃树受到根结疤线虫感染，成为令人头疼的问题。美国人通过一些引种植物园的选种试验，证明山桃抗根结疤线虫。1961年，美国农业部推广了选育后的山桃，并称之为抗线虫桃。

美国的桃生产主要集中在东、西海岸，或者在大的湖泊附近。在南卡罗来纳州加夫尼市，1974年由市长提议，把当地水塔建成桃子形状，以表彰当地最发达的种桃业；7年以后，投资100万美元，建成了这个别开生面的特大桃型水塔，顺便也促进了当地旅游业的发展。而加利福尼亚州的桃产量则占美国产量的半壁江山。

坐落于美国南卡罗来纳州加夫尼85号州际公路旁的桃子水塔。

在20世纪美国的桃果生产中,一个引人瞩目的现象就是油桃的兴起。油桃的树性、枝、叶、花、生长反应、结果习性、果实成熟期、对低温的要求等方面和普通桃没有什么差异,唯一的差异是油桃的果面光滑无毛,这一特性是由一对隐性基因控制。所以,用油桃和具有同质基因的桃杂交,杂交一代全部表现为有毛的桃,必须将杂交一代进行自交或回交才能获得油桃后代。众所周知,桃好吃、毛难擦,而吃油桃时免除了擦洗茸毛的麻烦,正合消费者之意。因此,油桃果面光滑无毛给生产者带来了明显益处。此外,商业销售的桃大多在分级包装前要经过水洗刷毛的工序,油桃则不需要水洗和刷毛。只要通过压缩空气冷却就行,所以油桃的分级包装能节省成本和时间。因此,从1955到1980年的25年间,加利福尼亚的油桃的产量从2.4万吨上升到19.2万吨,增长了8倍之多。

总而言之,距今1000年前,世界大部分地区还不知道有桃树,而现在的桃树种植北界已达北纬46°,南界已抵南纬40°。观赏桃延伸的幅度更广,除南极洲外,全世界六大洲皆有桃树。桃,这一古老而鲜嫩的果品,历经千余年的风雨,终于遍布世界。据中国产业信息网2016年发布的数据显示,中国桃产量 1320 万吨，占全球总产量的 66%，桃出口占全球出口量的 11%，居世界第三位。

仙桃圣母与桃太郎

实际上，除了好吃及供观赏之外，桃子在以中国为代表的东亚国家的文化里也扮演了一个举足轻重的角色。譬如，在中国的古代神话里，仙桃和蟠桃被当作吃了能长生不老的仙果。这种情况至迟在汉代已经出现，《汉武内传》记载："西王母以七月七日降……令侍女更索桃果。须臾，以玉盘盛仙桃七颗，大如鸭卵，形圆青色，以呈王母。母以四颗与帝，三颗自食。"直到现在，中国人在祝寿时仍然喜欢用米或面制成桃形供品，也是这方面心态的反映。

无独有偶，朝鲜半岛也有一个"仙桃圣母"的传说。高丽僧侣一然（1200—1289 年）编撰的《三国遗事》中记载了百济、新罗和高句丽三个国家的野史，其中有不少奇异的神话和传说，其中就介绍了"仙桃圣母"的来历——"古有中国帝室之女，泛海抵辰韩，生子为海东始祖，女为地仙，长在仙桃山"。一然在篇末写道："长生未必无生异，故谒金仙作玉皇。""金仙"指仙桃圣母，是个长生神仙身份。仙桃山在庆州西岳，也就是智异山，是传说中有着不死药的神山之一。

至于与朝鲜半岛一衣带水的岛国日本，与世界上的其他地方一样，古代日本的桃也是从中国传播而来。尽管有极少数日本学者提出日本原来就有野生桃树的观点，有的考古学学者甚至根据残片推断，桃子很可能在弥生时代（公元前3世纪至3世纪）已经传入日本，但多数日本学者一度普遍认为桃子是在古代中日交流的高峰，也就是公元8世纪的奈良时代传入日本的。然而这种观点在2010年受到了决定性的挑战。当时，在日本中部的奈良市缠向遗址的考古发掘中，出土了2700多枚桃核，而这一遗迹的时间断限大致应在公元180到210年之间。桃核有的带果肉，有的不带。与桃核一起埋在人挖的土坑中的，还有陆上动物的牙齿、骨头，各种鱼骨以及植物种子。有日本学者推断，埋在这里的应当都是用于祭祀的物品。更有学者从土壤中检验出残存花粉，依此推断这里曾经栽种过桃树。

而在南朝《述异记》上卷载"日本国有金桃，其实重一斤"，唐代颜萱的《送圆载上人》一诗中同样提到了这种金桃，然而现实中这一品种并没有定论。到了1868年明治维新前，日本仅油桃就有早生油桃、奥油桃等品种。并注明了成熟期、果实形状、果实颜色等。此时期日本北陆、奥羽地区的地方品种有：药罐、汤帕、子吧侬、六寸、梨桃、金时、天狗、窪屋、笹被、叶下、青桃、苦桃、六月桃、笹山桃、林檎桃等。这些古老的当地品种都表现为果个小、品质差、商品性低，所以栽培很少。

1876年，日本冈山县园艺场从中国上海、天津引进水蜜桃树苗。1878年，御津郡柏谷村（今冈山市）农民山内善男从许多桃树幼苗中选出两株，精心培植，3年后结出11个桃果，这就是中国水蜜桃在日本结出的第一代果实。由于这里气候适宜，桃树生长良好，果实品质优良，种桃业迅速发展起来。园艺家先后培育出40多个优良品种。今冈山县桃树漫山遍野、蔚然成林，被誉为日本的"桃乡"。所产蜜桃远销大阪、神户、东京等大城市。几经改良的"冈山白"桃，还曾返回我国入籍，成为我国栽培的味香质优、鲜食与罐藏兼用的优良品种。

另一方面，桃在日本文化里也有一席之地。在日语中有

"桃栗三年柿八年"的谚语，指桃树生长迅速枝叶繁茂，短时间就能结许多果实，生命力旺盛。桃在日语中读音为"もも（momo）"，与古日语中"百"读音相同，而"百"在日语中也可以引申为数量众多之意。另外，有学者研究，著名的《万叶集卷十九》中的《天平胜宝二年三月一日暮眺瞩春苑桃花作歌二首》就是咏桃花歌，可译作"春苑红鲜艳，桃花开满枝，桃红花下路，出立美人姿"。歌中以桃花的美艳来映衬女子的明丽照人。这自然也是从中国文化中桃子代表美好事物里衍生出来的。

日本还有一个著名的民间传说，即桃太郎的故事。桃太郎故事有多个不同的版本，其中广为流传的一个版本是：老奶奶在河边洗衣服的时候，一只大桃子从上游漂过来。老奶奶把桃子拿回家，没想到从桃子里面蹦出来一个孩子，他们给孩子取名"桃太郎"。桃太郎很快长大了，带领狗、猴、鸡等几个动物朋友去攻打鬼岛，征服了那里的鬼，并带着金银财宝回到家中，和二老过上了幸福的日子。这个故事不禁让人联想到中国的《西游记》（两个故事的主人公都是以动物作为随从），有日本学者认为桃太郎是孙悟空的化身，猴子则化成了桃太郎的随

北川和田关于桃太郎的木刻版画。

从。不过，桃太郎的故事还是有其值得注意之处，即十分形象地体现出日本文化中桃的驱鬼辟邪功能。当然，这一观念很可能也是从中国流传过去的。因为《庄子》里就有这样的记载："插桃枝于户，连灰其下，童子入不畏，而鬼畏之，是鬼智不如童子也。"从中不难看出，在先秦时期，中国人已经开始用桃枝"拒鬼于门外"，或被除不祥了。以此看来，与日本的桃子起源于中国一样，日本的桃文化同样也受到了中国文化的强烈影响。

第四章

兴业致富

白桑：成就"丝绸之路"

众所周知，丝绸是古代中国的特产。要得到精美的丝绸，首先必须有足够多的蚕丝作原料，而要得到足够多的蚕丝，必须会养蚕、养好蚕。由于桑叶是家蚕的主要食物，桑树的栽培自然成为蚕丝业中不可分割的重要组成部分。

桑树身世

今天人们所说的桑树，在植物学上指的是一个属。桑属植物为多年生木本植物，落叶乔木或灌木，无刺，冬芽具3～6枚芽鳞，呈覆瓦状排列。叶有柄，互生，边缘有锯齿，全缘至各种分裂，有3～5主脉发于基部，侧脉羽状；托叶侧生，披针形，早落。雌雄异株或同株，极少部分雌雄同穗，雌雄花序均为穗状；雄花，花被片4，覆瓦状排列，雄蕊4枚，与花被片对生，在花芽时内折，退化雌蕊陀螺形；雌花，花被片4，覆瓦状排列，果实期增厚为肉质，子房一个，一室；花柱有或无，柱头2裂，内面被毛或乳头状突起；桑果（俗称桑葚）为多数包藏于肉质花被片内的核果组成，外果皮肉质，内果皮壳质，种子近球形，胚乳丰富，胚内弯曲，子叶椭圆形，胚根向上内弯。

在世界范围内，桑属植物分布相当广泛。除欧洲外，其他各大洲都有自生的野桑，从南纬10度到北纬50度都有桑树的分布，其中又以原产东亚的桑树种类最多。中国西南部云、贵、川三省的桑树种类最丰富，是现代桑属的遗传多样性中心。其中的"白桑"是桑属中分布最广的一个种。它早期以华北、华中、华东为中心演化，是中国的特产物种。另一种"华桑"也主要分布于中国中部。据学者研究，长江流域是该种的原产地，集中分布海拔1000米左右，与白桑的分布海拔相同。由于形态上具毛，多倍化、叶大、叶厚，推断该种是在白桑早期演化过程中，随着造山运动、气候恶化、多倍化、生柔毛抵御寒冷而出现的类型。

与其他植物一样，古代人们最先注意到桑树的食用价值。桑叶含有脂类、氨基酸类、维生素类、生物碱、黄酮及黄酮苷类及其他多种微量元素,是一种传统中草药,有利五脏、通关节、下气、降压、利尿等功效。根据现代药理学研究,桑叶具有抗氧化、抗衰老、抗病毒、增强机体耐力、调节肾上腺功能及抗癌等作用,具有很高的药用价值。桑枝也是一种常见的中药材,味微苦,性平,归肝、肺经。具有清热、祛风、通络之功效,可用于祛风湿、通经络、达四肢、利关节,并有镇痛的作用。

另外,桑果中种子仅占鲜重的3%左右,果汁却占了75%～85%。它可以鲜食,也可以制作桑果汁,将桑果捣碎后用榨汁机打浆,再用布过滤后就得到桑果汁。中医认为,桑果味甘性寒,具有生津止渴、补肝益肾、滋阴补血、明目安神等功效,长期食用桑果可以延年益寿。现代医学研究也发现,桑果有增强免疫功能、促进造血细胞的生长、防止人体动脉硬化、促进新陈代谢等作用。桑葚多次出现在先秦的典籍里,被当作美好之物,甚至认为吃它可以使人变善。《诗经·鲁颂·泮水》中还有一段话:"翩彼飞鸮,集于泮林,食我桑葚,怀我好音。""飞鸮"指的是猫头鹰。古人认为它是恶鸟,叫声很不吉利。这段诗句意思是:"猫头鹰吃了桑葚,声音变得柔和好听了。"后来人们就以"食葚"比喻人感恩变善。

从历史上看，中国是有文献记载的最早栽培桑树的国家。司马迁在《史记·五帝本纪》里就记载："黄帝居于轩辕之丘，而娶于西陵之女，是为嫘祖，为黄帝正妃，生二子，其后皆有天下。"嫘祖既然发明了养蚕，自然已经明白要用桑叶喂养蚕。在古代黄河流域和长江流域，到处生长着野桑和以野桑叶为食料的野蚕。大约在五六千年前，我们的祖先就开始利用野蚕茧抽丝，织造最原始的绢帛。之后又把野蚕驯化，并进行户内喂养，将野蚕驯养为家蚕，结茧缫丝织绸，由此出现了原始的蚕桑丝绸生产。此后，饲养家蚕就成了桑叶最主要的用途。《说文解字》里就直截了当地记载："桑，蚕所食叶木。"

而在中国第一部诗歌总集《诗经》里，就有不少先秦时期种桑养蚕的记载。如《魏风·十亩之间》写道："十亩之间兮，桑者闲闲兮，行与子还兮！十亩之外兮，桑者泄泄兮，行与子逝兮！"这是魏国采桑妇女在采桑结束时，呼唤同伴回家的山歌。一块桑田有十亩那么大，十亩之外还有桑林，可见当时的蚕桑生产已有相当规模。另外，当时的住宅院里、房前屋后空地，也都种上了桑树。这在《诗经》中也得到反映。《郑风·将

桑树上的蚕。
Gorkaazk 摄

仲子》有这样的诗句:"将仲子兮,无逾我墙,无折我树桑!"尽管她一再声明,不是心疼桑树,而是怕父兄知道了责骂,可见院子里的桑树对她家来说是至关重要的。孟子说:"五亩之宅,树之以桑,五十者可以衣帛矣。"如果每家都在自家的五亩宅院里种上桑树,五十岁的老人就都可以穿上舒适的绸子衣服了。

在中国古代的整个封建时期,桑树本身虽然不是纤维原料,但桑叶却是桑蚕的主要食物,蚕桑丝织业则是我国家庭最主要的副业。这从蜀汉丞相诸葛亮"今成都有桑八百株,薄田十五顷,子弟衣食,自有余饶"的说法里可见一斑。《资治通鉴》中记载:"太元十年十月,燕、秦相持经年,幽、冀大饥,人相食,邑落萧条。燕之军士多饿死,燕王垂禁民养蚕,以桑葚为军粮。"从以桑果为军粮的情况可以推测,当时河北地区桑树种植面积已达到相当规模。明朝立国之初,朱元璋也曾下令,凡有田地五亩至十亩的农户,必须有半亩栽种桑、麻、木棉,十亩以上者加倍。如拒不执行,还有惩罚措施,"不种桑者出绢一匹"。桑树种植历来为我国封建统治者所重视,农、桑的兴废一直被当作政治是否修明的标志。明代后期,凤阳县(今属安徽)"民不种桑,不畜蚕"成为知县袁文新最感痛心之事,以为这是当地人民生活贫困的原因之一。

而在同一时期,太湖南岸的蚕桑业却显得非常兴盛,比如吴江县(属苏州府)当时就有"蚕桑盛于两浙"之称。其境内盛泽镇蚕桑业尤为繁盛,镇上居民"俱以蚕桑为业"。据说当地民间的少女,还不到及笄的年纪,就已经要学习采桑养蚕了。与杭嘉湖平原(特别是湖州)相比,吴江又显得是"小巫见大巫"了。后来清朝的康熙皇帝南巡(1697年)时就感慨,

"朕巡省浙西，桑林被野"，并随之断言，"蚕桑之盛，惟此一区"。康熙帝甚好巡游，多次南巡，可以说是见多识广，而唯独盛赞浙西，杭嘉湖地区蚕桑业的高度发达自不待言。彼时的"湖丝"天下闻名，不仅量大而且质高。丝从何来？无非植桑养蚕。明、清时期，归安与乌程两县同为湖州府首县，经济最为发达，湖州的植桑也以归安、乌程两县为最。根据明人记载，当地植桑非常密集，"尺寸之堤，必树之桑"，"傍水之地，无一旷土"，"树艺无有遗迹，蚕丝被天下"。长期的种植桑树和养蚕甚至影响了长江三角洲地区的自然景观。在这个鱼米之乡，纵横交错的狭窄水道的岸上常常栽种着低矮的桑树。虽然野桑树可以长到15～18米高，但由于种植的桑树被频繁地采摘，以至于它们会长成长节的葡萄藤状。这种人工培育的"地桑"同树桑比较有许多优点，树桑叶片丛生，叶形较小，采摘不便，且须年年剪枝，至少要到第三年才能采摘饲蚕；地桑叶形较大，叶质鲜嫩，播种第二年即可饲蚕，而且采摘方便、省工。

《蚕织图》局部，南宋画家梁楷通过《蚕织图》描绘了从"浴蚕"至"织帛"的整个生产过程。

享誉罗马帝国的丝绸

这一番辛劳的结果就是蚕丝。它是世界上最好的纺织原料之一。由于丝支纤细，光洁柔软，耐磨、耐热、耐酸、耐碱、绝缘，排湿吸汗，富有弹性，因此用蚕丝织成的薄纱、丝绒、绸绢、锦缎、彩绸衣料受到广泛喜爱。据成书于战国时代的《穆天子传》记载：当时周穆王到西域，就曾以各种丝绢、铜器、贝币等物赠给当地的酋长。当地的酋长也以玉石、马、牛、羊、骆驼等回赠周穆王。等到张骞通西域之后，汉武帝出兵三次大败匈奴，彻底打通了西域与中国的交通。由于丝绸自身有着不易腐烂变质、携带轻便，适于长途贩运的优点，迅速成为中西商贸中的主要商品。当汉使于公元前115年将赠赐的丝绸带到帕提亚后，很可能引起了帕提亚帝国内部商人直接来华购买丝绸的动机。按照汉王朝一贯的作风，"随汉使来观汉"的帕提亚人，在返回时定会携带大批的丝绸。同时，由于两国关系较好，汉朝的商人亦有直接进入帕提亚的情况。就丝绸之路开通早期的情况而言，丝绸的输入是由赏赐即补贴开始的，丝绸成了奢侈价值的标准，小国君主接受的这种赏赐、补贴太多，便把它们卖到了更远的地方去。帕提亚地处中西方交通要津，以此为中介，中国的丝绸进入了地中海世界。从罗马帝国创建伊始，地中海大部分贸易都由希腊人主宰。甚至在罗马，许多代理商——他们或是已获得自由的奴隶、或是仍为奴隶的人，许多栈店的雇员、富商与行会在国外商业事务所的成员，都是希腊人。希腊人的船队穿梭往返于整个地中海地区，从叙利亚海岸和亚历山大港出发，把东方货物一直运到奥斯蒂亚和罗马。在这些东方货物中，首屈一指的就是丝绸，它们来自中国，并在叙利亚进行了重新加工。而经丝绸之路运来的丝绸，最终汇集到罗马地中海沿岸的推罗、西顿、贝鲁特、安条克等港口城市，然后运到意大利乃至西欧。

罗马帝国征服了地中海世界，而中国的丝绸却征服了罗马帝国。公元前1世纪，中国的丝绸传入罗马后，立刻受到罗马人的青睐，就连克拉苏军团所使用的军旗都是丝绸织物。恺撒在举行凯旋式时，向罗马人民首次展示了中国丝绸，引发了罗马的丝绸热潮，贵族男女争穿绸衣。罗马历史学家普林尼在他的《自然史》一书中记载，罗马妇女每年从印度"爆买"货物价值达5500万塞斯特提（Sestertius），相当于19世纪的1亿多金法郎。购进的货物虽有印度的棉、麻织品，但大部分是中国的丝绸。当时在罗马市场上，丝织品已与黄金等价，每磅值金12两，这无疑会让罗马大量的贵金属货币流入东方，造成国库的虚竭——"奢侈和妇女使我们付出了这样的代价"。锦衣绣服成了服饰的潮流，绸幕丝帘也被教堂利用，地中海东岸的推罗、西顿等城市的丝织业，都依靠丝帛运到后，把它拆散，重新织成绫绮，染上华丽的颜色，供罗马上层贵族享用。正如罗马史学家塞里努斯所说："过去我国只有贵族才能穿着丝衣，现在各阶层人民都普遍通用，连搬运夫和公差都不例外。"

到了公元前2世纪罗马征服希腊和东方诸王国后，做工精细的巴比伦长袍受到罗马人的青睐，逐渐传入罗马。就连以节俭著称的著名监察官加图的家里，也珍藏着一件供两代人使用的巴比伦长袍。在罗马人所穿的长袍中，以紫色袍最为流行和庄重。得胜的将军在举行凯旋式时，一般都穿着缀有金星的紫色宽袍，头戴黄金宝石的冠冕，以示隆重。在正式场合，乐队队员一般都穿长达脚部的紫色长袍，侍从则穿紫色紧身衣。这是因为紫色染料由靛蓝和茜草染料的混合物调成，还可以从一种东地中海地区的贝壳（murex）中提取。搜集大量贝壳制成紫色染料的花费是相当昂贵的，所以紫色在古代地中海世界是最知名的染色，也成为历史上最持久的高贵阶层的标志。

但是，早期罗马帝国时代的市民仍然可以随意穿着紫色衣服，对紫色丝绸穿着的限制仅是针对"野蛮人"的。随着丝织业的发展和紫色染料设计样式的改变，塞奥多西二世（408—450年）进一步强化了对紫色丝绸及其制品的管制。在拜占庭政府垄断下，帝国工厂给染成紫色的丝绸织品镶上金边，这样的丝织品更加绚丽夺目，成为皇室的专供产品。塞奥多西二世还颁布数项敕令，禁止私人丝织业制造帝国官服及类似于官服的服装，特别是染制紫色的长袍及任何用其他染料模仿紫色染成的丝织品。这些法令从4世纪中期至5世纪初开始实行，更为重要的是，从5世纪初开始，拜占庭法庭有一系列鉴别丝绸的法规，这些法规覆盖了皇室、贵族阶层和教士阶层，城市和军队的官员，以及在城市有一定社会地位的人及平民。例如，只有皇帝才能穿着紫色短筒靴，违反这个规定的人将以叛国罪处死。查士丁尼皇帝甚至颁布了服装条例，彻底剥夺了富有商人穿着紫色丝绸的权利，紫色丝绸遂成为拜占庭国家中央集权和等级制在经济和社会生活中的反映。

一幅拜占庭丝绸挂毯,描绘了一位拜占庭皇帝从一场战役中凯旋的情景。

欧洲丝绸的中国风

据普罗柯比的《战纪》记载:"大约在同一个时候,几位来自印度(居住区)的修士到达这里,获悉查士丁尼皇帝内心很渴望使罗马人此后不再从波斯人手中购买丝绸,便前来拜见皇帝,许诺说他们可设法弄到丝绸,使罗马人不再受制于波斯人或其他民族，被迫从他们那里购买丝货；他们自称曾长期居住在一个有很多印度人、名叫赛林达（Serinda）的地区。在此期间，他们完全掌握了在罗马本土生产丝绸的方法。查士丁尼皇帝细加追寻，问他们如何保证办成此事。修士们告诉皇帝，产丝者是一种虫子，天性教它们工作，不断地促使它们产丝。从那个国家（赛林达）将活虫带来是不可能的，但可以很容易很迅捷地设法孵化出活虫——因为一个丝蚕一次可产下无数蚕卵；蚕卵产出后很长时间，以厩粪覆盖，使之孵化——厩粪产生足够热量，促成孵化。修士们做如是解释后，皇帝向他们承诺，如果他们以行动证明其言不妄，必将酬以重赏。于是，修士们返回印度，将蚕卵带回了拜占庭。他们以上述方法培植蚕卵，成功地孵化出蚕虫，并以桑叶加以饲养。从此以后，养蚕制丝业在罗马本土建立起来。"

中国对丝绸制造工艺的垄断从这时候起就结束了。但中国丝绸在市场上仍然具有强大的生命力。拜占庭在养蚕抽丝技术上有两个方面还存在严重的不足：一是不懂得在化蛾前将蚕籽杀死，因此所抽出的生丝在长度和亮泽度上均无法与中国的生丝相比；二是不懂得怎样制造优质丝绸所必需的花丝。此外，虽然地中海沿岸的气候相当适宜发展养桑业，桑种在那里可以茁壮生长，但中国的桑树种植在平地和梯田上，而拜占庭的桑树种植地主要处于叙利亚和小亚细亚的台地和丘陵地带，按照桑树的生长规律，树种在春季播种后，经1年时间长成幼苗，需要15年时间才能长成桑树。因此，拜占庭的生丝产量也远远不能满足丝织业对生丝原料的庞大需求。与拜占庭的情况类似，法国桑蚕业是在军事报复和关税保护的情况下引入的，这是世界各地发展桑蚕业的普遍原因。法国政府从14世纪起就注意到了购买奢侈品丝绸使国内黄金大量外流的事实。意大利人在法国，尤其是在里昂和香巴尼城的大型市场里经销丝绸。但到了1466年，法国国王路易十一再也不想眼巴巴地瞅着意大利商人在罗纳河畔一昼夜间就摇身变成富翁大亨了，"为了阻止每年进口外国制造的丝绸而使四五千万埃居（当时的法国货币单位）的财富流向国外，路易十一诏令在里昂建立生产丝绸的工厂"，为了促进法国的工业发展，法国当局干脆于1517年诏令禁止进口金银丝织物。

但是，欧洲对于丝绸的需求是本土生产无法满足的。即使到了18世纪三四十年代，欧洲每年的丝绸进口量仍然多达

7.5万余匹。这时的中国丝绸进入西欧国家后，特别受到法国人的喜爱。贵妇们不仅用中国丝绸制作服装，连鞋面也用丝绸，并饰以中国刺绣图案。宫殿的床罩、帷幔、窗帘以及家具罩布都采用丝绸和刺绣织物。"中国风"法语称为"chinoiserie"，作为一种艺术装饰风格，它首先出现于17世纪，但在18世纪尤其因法国路易十五宫廷的提倡获得了突出的发展，被迅速传播和流行。路易十五的情妇蓬巴杜夫人就有一条缀满了花鸟的、用中国丝绸做的裙子。17世纪的法国资料这样记载："来自南京（实际是当时隶属南直隶的松江府）的丝绸是最精致最华丽的。虽然这些丝绸与我们自己的产品类似，但其织造技术总有些地方超过我们，如丝绒、天鹅绒、金丝薄纱、缎子、塔夫绸、绉和其他产品等。"欧洲的工匠们甚至开始仿造中国丝绸，大量采用中国图案，比如龙、凤、花、鸟等，而且要特别注明"中国制造"以保证销路。为了更好地进行仿造，欧洲各国丝织厂的丝绸画师手里都有一本《中国图谱》。

欧洲丝绸中的中国风主要体现在18世纪的法国，里昂、都尔等城市是这类丝绸织物的生产重镇。当时装饰艺术中洛可可样式兴起，设计师们将洛可可艺术的纤柔华丽与欧洲人想象中的中国风情相结合，于是身穿长袍的中国人物、雕梁画栋的亭台楼阁、山清水秀的田园风光、春夏秋冬的风花雪月等中国题材，便大量出现在法国的丝绸产品中。18世纪初法国丝绸织物上曾出现过所谓"奇想纹样"，这是一种将东方题材与古典"莨苕叶"纹样相结合而形成的一些怪异图案。后停滞到1740年左右，又出现了一批"中国风"丝绸织物，是法国路易十五时期此类织物的典型。由于在17—18世纪，法国的宫廷是欧洲各地时尚的发源地，法国丝绸的中国风图案因此也在欧洲各地被模仿流行。在德国柏林等地的丝绸企业中，也生产了不少中国风丝绸织物。

18世纪后期，随着路易十五的去世和洛可

18世纪法国的丝绸设计纹样。

装饰艺术的退潮,欧洲的"中国热"开始降温,中国风格也在欧洲的丝绸织物中消失。但是欧洲的本土丝绸却在进入工业革命之后很长一段时间仍旧无法取代从中国进口的丝绸。丝绸工业从欧洲的技术革命中大大受益。1605年发明了大型纺织机,它既可以使生产加快,也可以使制造非常豪华织物的人员和工时大大减少,还可以织出大幅图案的丝绸来。1801年发明的提花织机,可以使织布的工人减少一半。1860年,品红染料的出现彻底改变了印染艺术。纺线以下各道工序逐年都在改进质量和降低成本。可是,在欧洲的养蚕劳动中,从采摘桑叶到用开水烫蚕茧却一直停留在手工操作阶段,甚至还局限在家庭生产的范畴之中。这些工作主要是在农场里进行的,为了在孵化时保温,勤劳的女工们都把蚕卵暖在她们的紧身衣中。许多蚕虫在作茧之前就死亡了。甚至直到1840年,当时的西方人还承认:"无论养蚕家们或学者们对本作品的看法如何,我认为它将永远是汉人在养蚕的具体实践方面比任何其他民族都要高明的铁证,也是他们所取得的惊人成绩的见证……我将补充最新的一点史料,以便简明扼要地说明一下汉人的养蚕法毫无疑义地要比欧洲人高超。这就是,他们的蚕虫损失率只有百分之一，而在我们（欧洲）这里，死亡率却大大地超过了百分之五十。"欧洲的丝线中有许多下脚废料和浪费掉的原料。无论如何，这样生产的生丝的数量都无法满足纺织工业生产的需要。

由于欧洲在饲养桑蚕方面无法同中国手工业竞争，所以从1850—1900年，欧洲每年所需要的半数生丝仍然要从中国进口。相对来说，西方顾客更为喜欢中国的蚕丝而不是丝织品，严格地说，他们尤为酷爱未染色的生丝。在1900年左右，中国出口的粗丝总量多达近4800吨，而在1838年之前的定量限制时期，英国东印度公司一家每年根本无法买到5400包粗丝。中国粗丝最大的买主似乎是法国。上海（中国当时最大的出口港）所出口的半数以上的生丝，即每年出口的7.1万包生丝中的3.7万包都运往了里昂。第二大买主就是英国。英国同中国的贸易总额最大，它每年要从中国购买1300万金法郎的茶叶和丝绸，同时每年也向中国出口1.5亿金法郎的加工成品，尤其是其廉价的棉纺品。这些棉纺品是在曼彻斯特用印度的棉花纺织而成的。当英国出售给中国的物资大大超过了它的进口时，法国的处境却正好相反。1897年，法国进口了1.24

亿金法郎的丝绸,而只能勉勉强强地凑合着卖给中国400万金法郎的杂货。从这个角度可以说,古老的丝绸之路一直延续到了20世纪。

神奇的"虾夷锦"

而在亚欧大陆的另一端,丝绸同样深受各族人民的青睐。在明清之交的"小冰期"气候影响下,东北地区被称为"苦寒之地"。当时气候之寒、衣食之难,今人不可想象。顺治十二年（1655年）因收受贿赂被流放到宁古塔（今黑龙江省牡丹江市）的清吏科给事中陈嘉猷看到的是这样的情景："满洲富者缉麻为寒衣,捣麻为絮,贫者衣狍、鹿皮,不知有布帛。"满洲龙兴之地的子民尚且如此,远在深山的野人之饥寒交迫更加不可知。

为了彰显皇恩浩荡,不忘故地百姓,巩固东北边陲;当然同时也是为了解决宫廷对貂皮之需,故而清廷不惜财力,以"贡貂"和"赏乌林"的方式,实施贡赏贸易制度。所谓"乌林"是满语"财帛"的意思。不难想见,乌林是长期生活在天寒地冻之域民族迫切需求品，"穿上官家的衣服"也是深山密林里土人提高御寒能力的指望。与此同时，赏乌林根据户籍实施，又是与贡貂同时进行的。也就是说，"无貂皮之贡即无乌林之赏"。

清朝政府不惜财力物力，先由北京户部将江南苏州等地出产的丝织品运送到陪都盛京（今沈阳）。备齐之后，一路向北转运至三姓副都统衙门（今依兰县城，时属吉林将军管辖）。这里因此便成为当时"冰雪丝绸之路"上的一个政治、军事、经贸、文化中心，被誉为清时著名的"边外七镇"之一。

据说，每逢春暖花开，生活在这一带的赫哲、鄂伦春、绰奇楞、库野、恰喀拉等众多部族的边民，或乘小船，或骑马，带着上等的貂皮，云集三姓，喜气洋洋地来"穿官"（往返路费由朝廷以口粮形式发给）。依照"每一贡貂户赏一套乌林"的标准，进贡的貂皮分为三等，等外不收，剪去一爪，任其贸易。颁赏亦分级别，"哈喇达"（族长）赏给无扇肩装朝服一套，"噶珊达"（乡长）赏给朝服一套，子弟赏给缎袍一套，白人（白丁）赏给蓝毛青布袍一套。尽管待遇递减，即使是白丁所得一套乌林也相当丰厚。一套乌林，不仅是一件衣服还包含了许多物件：毛青布二匹、高丽布三丈五尺、妆缎一尺三寸、红绢二尺五寸，长棉袄及裤子折合毛青布二匹、白布四丈、棉花二十六两，附带赏给零散毛青布二匹、汗巾高丽布五尺、三尺绢里子两块，帽、带、靴、袜折合毛青布二匹，梳子、篦子各一，针三十，包头一，带子三副，棉线三绺，棉缝线六钱，纽子八个。朝廷如此大方，等于每得一张貂皮，就要破费十余两银子，相当于一个知县的半年薪俸。这笔账，贡献者们也心知肚明——当时，换一头耕牛需要十几张貂皮。显而易见，清朝的"贡貂赏乌林"延续了中国历代中原王朝厚往薄来的传统，就是"赏"的价值远远大于"贡"。

通过明代奴儿干都司的赏赐与清代的"贡貂赏乌林"，许多生活在黑龙江下游的边民也拥有了产自中原的丝绸。中国丝绸的魅力随之不胫而走。于是进一步出现了"山旦交易"。黑龙江流域的边民，起初得到朝廷的赏赐后只在族内交易，后来发展成借机与民族间进行交易，甚至扩大到与日本北海道的虾夷人（今阿依奴人先民）进行交易。当时库页岛土著民族、北海道土著民族称黑龙江下游等地少数民族为"香旦"，即邻人的意思，即鄂伦春、尼夫赫、赫哲等土著民族的混称，后来，虾夷人则将"香旦"讹为"山旦",因此把同"山旦人"所进行物品交易,称之为"山旦交易"。

"山旦交易"的主要场所在靠近出海口的黑龙江下游一带。日本人间宫林藏在《东鞑纪行》里记录了他在黑龙江口特林亲眼所见以物换物的交易景况,"到处可见外来夷人搭造的窝棚,为数之多几十上百"。

"山旦人"拿出来交易的往往包括他们从朝贡赏赐获得的绸缎、鞋袜、锦缎、蓝毛青布、高丽布、妆缎、红绢、白布、棉花、帽子、带子和青玉等。"山旦人"用这些物品换取虾夷人的水獭、貂、狐狸等毛皮,来年再将皮毛用于向清朝贡纳或交易。如此循环往复。当时,位于日本北海道南部的松前藩与北方的虾夷人有贸易往来。这样一来,通过几次贸易交换,"山旦人"就获得了日本内地产的斧子、刀、锅和漆器之类的生活用品。甚至在三姓、宁古塔乃至珲春等地多次出土发现了日本的"宽永钱"。这些显然是虾夷人来黑龙江流域等地区进行交易时带来的。

与此同时,在这样的交易活动中,明、清朝廷颁发给黑龙江流域少数民族的蟒袍、锦缎等内地出产的丝织品、服饰源源不断地进入北海道，受到虾夷人青睐，并被虾夷人冠以他们的族名，称为"虾夷锦"。

不但如此，日本人也非常喜爱从阿依奴人那里交换得来的"虾夷锦"。根据《新罗之记录》记载，早在明万历二十一年（1593年），松前藩主蛎崎庆广为了取得德川家康的支持，巩固自己在北海道的统治地位，千里迢迢跑到当时丰臣秀吉侵略朝鲜的前方基地九州岛上拜见德川家康，把自己心爱的袍服即"唐衣——虾夷锦"作为厚礼奉上。这是一件以藏青色和黄色丝绸为衣料，用金银线挑花的刺绣袍服，袍上刺有几条龙（实际为蟒），每条龙的姿态都不一样，德川家康果然因此大悦，这件"龙袍"也引起了日本统治集团上上下下所有人的兴趣。据说，当时日本江户（今东京）、京都等地方的歌舞伎的戏装、和尚的袈裟、达官贵人的和服，多是松前藩当权者或富商大贾从虾夷人那里收购、贩运到日本内地的"虾夷锦"。至今在日本北海道不少博物馆还珍藏着中国的袍服等丝织品。其中，北海道钏路市立博物馆就藏有1件清代官袍，这件袍服以锦缎为原料，色泽瑰丽多彩，花纹精致典雅。北海道开拓纪念馆存藏的青地蟒袍、赤地蟒袍，市立函馆博物馆存藏的虾夷锦山具服等，俱是历史上通过"山旦交易"传入北海道的中国丝绸服饰。

日本函馆博物馆收藏的虾夷锦。

走向世界的桑树

伴随着丝绸的风行，桑树（尤其是中国用来饲养家蚕的白桑），也逐渐走出中国，成为一个世界性的物种。譬如，白凤六年（679年），日本由中国引进优良桑树种子。1300年后，中国的传统桑树良种鲁桑又于明治初年传入日本，"鲁桑，原中国之所产也，二十二年前，日本始得其秧于杭州之桐乡，栽之内藤新宿试验处。今各地皆有之"，成为日本近代主要桑树品种。清代，桑基鱼塘这个初具生态农业雏形的桑田模式和技术也由广东华侨带到了印尼。西人贝尔写道："中国蚕农用湖桑叶（即家蚕）养蚕。栽桑树处分为两部分，一部分挖成三英尺深的水池，将挖出的泥土盖于另一部分。在高出地方凿沟槽，种桑树，而在小池内养易长的小鱼。将蚕屎作鱼食，鱼粪沃池底之土，而池底之土又可作桑肥。三四年后将桑树田的泥土倾入池中，另辟新池。"印尼也采取这种植桑和养鱼相结合的方法。

至于欧洲，自从拜占庭帝国时期就开始种桑养蚕。但当地人最早是以当地黑桑的叶子饲蚕，后来才改用更适宜的中国白桑，"欧罗巴初养蚕时，饲以黑桑之叶，后已得白桑，则饲以白桑之叶"。在《大英百科全书》中也有这样的记载："一种源自西亚的黑桑（*M. nigra*）在早期就传入欧洲，15世纪前曾在意大利大量种植用以饲养家蚕，但这以后就被白桑代替。"需要指出的是，用白桑养蚕正是中国古代先民在实践中得出的正确经验。同样在中国生长的华桑生长快，但其叶大、叶厚、叶有许多柔毛，所以蚕不喜吃。

另外，欧洲人到达美洲后，认为美洲殖民地气候适宜，土地肥沃，发展养蚕有利可图，于是16世纪，英国殖民者就在美洲殖民地开展种桑养蚕试验，甚至于17世纪还成立蚕桑公司。此期间桑树栽培技术主要来自欧洲。1619年，弗吉尼亚州为促进蚕桑生产还专门通过一项法律，要求每个成年男子必须在7年内每年至少种植6株桑树。这导致桑树种植迅速增长，栽桑养蚕在该州成为各地农场主的重要副业。其后是乔治亚州，为鼓励植桑，其州政府实施了极具诱惑力的优厚政策，规定新移民如果在空地上种植桑树达25棵每公顷，则该地将为种植者所有。在此基础上，如果桑树种植达到100棵每公顷，州政府还会特别邀请蚕桑专家免费为其讲授植桑养蚕技术，蚕丝业也因此发展为该州主要产业。

在多方大力推动下，19世纪30年代，栽桑养蚕一时在美国广受关注，迅速发展，加之当时经济危机的爆发使得桑苗价格一路飞涨。一位美国商人甚至赶往法国预订了500万株桑苗，本想待价而沽，在第二年运回美国以高价销售，可惜由于国内虚高的桑苗价格泡沫难以维持，在其运回美国之前就已破灭，遭遇重大损失。糟糕的经济形势使得1839年秋天的信贷更加紧缩，各地桑苗经销商资金周转不畅，经营受挫，部分小经销商开始恐慌性抛售桑苗，从而引发大规模抛售，造成市场混乱，最终导致桑苗市场崩盘，很多桑树被毁。美国蚕桑业遭遇灭顶之灾，"植桑热"如昙花一现，令人哭笑不得。当今美国人经营桑园大多以收获桑葚为目的——桑葚在美国是比较受欢迎的水果，可直接食用或用作食品加工。

尽管有这样一段小插曲，但目前，世界上已有50多个国家种桑（养蚕），其种桑技术最初都是直接或间接从我国引入的。中国种桑技术的传入推动了这些国家蚕桑业的发展，成为中华文明对世界的又一大贡献。

蔗糖传四方：甘蔗与人类的生活

或许在不少人的认知里，甘蔗只不过是一种消暑的"水果"。这当然与甘蔗含糖17%到18%，性和味甘有关。不过，甘蔗在人类社会中的作用远不止于此。它是世界产量最大的农作物，提供了市场上大多数的糖类，甚至还是未来能源提供的候选者……

繁杂的家谱

这里所说的"甘蔗"其实是一类多年生宿根热带植物的统称。它们在植物分类学上属于单子叶植物纲（Monocotyledoneae），颖花目（Glumiflorae），禾本科（Poaceae）黍亚科（Panicoideae）蜀黍族（Andropogoneae）甘蔗亚族（Saccharinae）甘蔗属（*Saccharum* L.）。

今天的甘蔗属植物，广泛种植于热带与亚热带地区。它们是喜温、喜光的作物。世界上的甘蔗水平分布在北纬 33° 和南纬 30° 之间，集中分布于南北纬 25° 之间。垂直分布范围也较广，在赤道附近可达海拔 1500 米。而在中国云南西南蔗区，海拔高达 1600 米的地方还有甘蔗分布。

按照目前学术界比较通行的分类，甘蔗属里又包括了 6 个种，其中有 2 个野生种，叫作大茎野生种（*Saccharum robustum* Brandes and Jeswiet ex Grassl）和割手密种（*Saccharum spontaneum* L.）。如果考虑到割手密种的别名叫作细茎野生种，大茎野生种缺少地下茎、植株高大、蔗茎粗大、花絮大、花穗小，很容易与其区别开来。在地理分布上，大茎野生种自然分布在印度尼西亚与巴布亚新几内亚一带；而割手密种地理分布非常广泛且变异丰富，因此被看作甘蔗属植物进化的源头。

今天的孟加拉国与印度东北部一带，分布着甘蔗的割手密种。在这里，大自然给予了植物丰富多样的生长条件，创造了世界上最复杂多样的植物形态，至少有 2 万种完全以该地为"故乡"的植物。此地由于地理位置的缘故也是世界上雨量最充沛的地方，因此有学者认为："此地是最适宜于甘蔗诞生和成长的地方。"但割手密种在中国北起秦岭，南达海南岛，均有广泛分布。近来也有学者提出，中国极有可能也是割手密种起源和多样性中心之一，而且推论出中国割手密种的起源演化路径为：起源于云南，然后由云南—四川—贵州—广西—广东—海南—福建—江西。

至于甘蔗属内的其余4个种，都可以用于栽培。它们分别是热带种（*Saccharum officinarum* L.）、肉质花穗种（*Saccharum edule* Hessk.）、印度种（*Saccharum barberi* Jesweit.）和中国种（*Saccharum sinense* Roxb.）。顾名思义，热带种主要分布在东南亚和新几内亚岛，因其具有蔗茎粗大、汁多、高糖分、低纤维等特点而被广泛栽培。根据新近的研究结果，它是由大茎野生种进化而来。肉质花穗种也称食穗种，主要分布在新几内亚至斐济，其花絮可供食用。基于形态特征和染色体数目，肉质花穗种被认为是由热带种或者大茎野生种与近缘属（如芒属）属间杂交而来，也有可能由大茎野生种直接进化而来。

至于印度种与中国种，它们在形态上有相似之处。前者为圆柱形，节间瘦而短，主要分布在北印度，后者植株高大、叶片宽、节间呈圆筒形广泛分布在中国南方。分子生物学的研究显示，印度种和中国种是两个甘蔗属内距离位于两端的代表种种间杂交的结果，一方是野生割手密种，另外一方则是由大茎野生种驯化的热带种。

甘蔗中国种 *Saccharum sinense* Roxb.

从这些研究结果看，无论是野生种(割手密种)，还是栽培种(中国种)，中国都是当之无愧的甘蔗原产地之一。如今，甘蔗在中国的分布南起海南岛，北至北纬 33° 的陕西省汉中地区，地跨纬度15°；东从中国台湾东部，一直到西藏东南部的雅鲁藏布江河谷，跨越经度达30°，其分布范围之广，为其他国家所少见。就栽培种而言，在中国大量分布的是中国种和热带种。南北朝时期的名医陶宏景在《名医别录》记述，我国最早种植的是茎皮白（淡青或浅黄而近乎白）色、节疏而细的"荻蔗"，或称荔蔗，也就是今天所说的甘蔗中国种。它抗旱耐瘠，适应性强，产量很高。从南方逐渐传到长江流域一带，到了汉代，又在南方地区引进了一种"茎粗长、节较密、汁液多、糖分高"的甘蔗，以后发展为种植广泛的热带种。传说在汉代东方朔所著的《神异经》里还有记载，南方的山林里有甘蔗林，人们以采集和渔猎为生的时候，经常在郁郁青葱的野生蔗林里采茎嚼食甜汁，解渴消热，"咋啮其汁，令人润泽"。今天我们嚼食甘蔗的时候还会发出"咋咋"声。"咋"和"蔗"音近，甘蔗的名称可能就是由此而来的。这反映了我国古代劳动人民对甘蔗最早的认识和利用。当然，嚼食甘蔗颇为费事，令不少人知难而退。但东晋时期的著名画家顾恺之却因食用甘蔗而在《世说新语》里留下一个著名的典故："顾恺之为虎头将军，每食蔗，自尾至本，人或问，曰：渐入佳境。"

珍贵的甜味

但凡人类栽培植物，总是先直接食用，然后才进行加工。甘蔗的情况也是如此。直到现在，人们还会栽培一部分果蔗专供嚼食之用，古代人类"咋啮其汁"的食用方式可能还将延续很长一段时间。不过，随着时间的推移，古人终于认识到甘蔗液汁凉甜解渴的用途，进而发展到"笮取其汁"，贮藏备用。这就开始了压榨甘蔗液汁并制成蔗浆的时期。其起始时间虽难确知，但屈原（公元前340—前278年）在《楚辞》已有记载，即所谓"胹鳖炮羔，有柘浆些"。先秦时代的"柘"指的就是甘蔗。由于"柘"字的原义是养蚕和取黄色染料的树，也就是桑树，为免混淆，到汉代出现了"蔗"字用以表示甘蔗。可见至迟在战国中期，中国古人已经懂得利用简单工具，"取诸蔗之汁以为浆饮"了。到了公元前2世纪的《汉书》里也提到"柘浆析朝酲"，目的是"取甘柘汁以为饮也"。这种柘浆还是一种清澈流动的糖水。值得一提的是，在与屈原生活时代差不多同时的公元前327年，马其顿的亚历山大大帝东征到印度河流域，他的随从执事记录："当地人咬食一种稀奇芦苇，没有蜂的任何帮助，会产生一种蜜。"可见当时印度虽然种植甘蔗，却还没有加工的工艺。

进一步，就是把蔗浆浓缩为糖浆。西晋时期的《南中八郡志》里记载："围数寸，长丈余，颇似竹。断而食之，甚甘。榨取汁，曝数时成饴，入口消释，彼人谓之石蜜。"从这段记载里可以看出，当时的岭南一带及越南北部的人们榨取甘蔗的汁液，在太阳下晒一会儿蒸发其水分形成半固体糖浆，随后食之，消除暑热。所谓"石蜜"，顾名思义"其形如石，其质似蜜"。对此，南北朝时期的《齐民要术》里也有记载："（甘蔗）榨取汁，煎而曝之，既凝，如冰……时人谓之石蜜……"这就说明石蜜经过甘蔗取汁、曝、火煎、冷凝等工序制成。

接下来，就是从液体糖发展到制取固体的砂糖，这是我国劳动人民的一项重大发明。陶弘景在《名医别录》里就记载："蔗出江东为胜，庐陵亦有好者。广州一种数年生，皆大如竹，长丈余，取汁为沙糖，甚益人。"这就说明，早在5世纪，中国古代先民就已经懂得将甘蔗制成砂糖了。到了13世纪后期，著名的意大利旅行家马可·波罗在其游记中曾盛赞中国

"八省都产糖,数量有其余全世界的两倍",福州"出产很多的糖,数量之多,几乎使人不可相信"。

古代中国不仅率先掌握了制糖技术,在制糖工具方面也是领先的。据说在中世纪时,印度和波斯(今伊朗)用空竹筒装浓缩好了的糖浆,令其结晶,但往往有硬块留在竹筒内。埃及曾研究用玻璃器皿制作模型装入浓缩的糖浆,令其冷凝后打破玻璃器皿取出糖块。而中国是第一个应用陶器装浓缩糖浆,令其冷却结晶的。有意思的是,按理说,在中国所产的两个甘蔗

1450年左右,带有糖浆罐(烧制黏土)的结晶漏斗。
柏林糖业博物馆

栽培种里，热带种的茎条粗大，糖分高些，用来榨糖出糖率会更高；而用"竹蔗"（中国种）榨糖的出糖率会低一些。但无论是用木质还是石制辊轴，因为竹蔗的茎条较小，所需压榨次数少于粗茎条的昆仑蔗，故茎条小的品种对榨糖业是较经济合算的选择，所以，竹蔗在中国古代几乎是唯一的榨糖用品种。

清代风俗画，描绘了种蔗制糖的场景。

对人类的饮食生活来说，糖的诞生实在是件非同小可的大事。东汉时期的许慎在《说文解字·甘部》里记载，"甜，美也"，"甘，美也"。司马迁认为，人"耳目欲极声色之好，口欲穷刍豢之味，身安逸乐而心夸矜艺能之荣"，这是自然而然，有知者尽能索的道理。从生理上说，甜味物质在任何浓度下都会给人造成愉快感。因此，甜味是人类的普遍偏好，跟气候、地理没有太大关系。比如一般来说，"藏族居民不食甜物，不饮甜水"，明清时期藏族居民的日常饮食是不带甜的，也不喜欢甜，这一习惯一直延续到晚清。可是在节日和喜庆场合等藏族的宴会上，糖是少不了的，甚至连藏族重要的日常食品手抓饭，在节日制作时都要加入糖。这就是一个典型的例子。由于甘蔗的广泛种植及制糖业的兴起，带有甜味的糖终于走入寻常百姓家。明清时代，大量的广东糖和福建糖在江南进行销售，每年达上亿斤之多，使得江南成为了粤糖和闽糖最大的集散地。明清时代的《虞乡志略》记载当时常熟县（属苏州府）的风俗，其中就有一句"世人由来爱甜口，不妨十倍添糖霜"，形象生动地写出了当时人们对蔗糖的喜爱。

西进的蔗糖

中国古代人民和世界各国人民的友好交往，使得蔗糖的制作方法逐渐传播海外。譬如琉球群岛很早就有甘蔗种植业存在，但只做生食之用。有学者认为，庆长十四年（1609年），琉球群岛北部奄美大岛（今属日本鹿儿岛县）大和村人氏直川智因途中遇到强台风，漂泊到中国福建沿海地区。他在当地学到了甘蔗栽培和黑糖制造技术，并在回国时引进了中国的竹蔗，在奄美大岛种植成功，次年制成了黑糖，这才开启了当地甘蔗栽培与制糖的历史。尽管也有一些其他意见，但琉球群岛的制糖技术由中国传入这一点则是肯定无疑的。至于日本国内关于蔗糖的最早记录是在825年的"正仓院献纳目录"。当时蔗糖非常珍贵，只限于部分上流阶层的人使用。直到江户幕府（1603—1868年）时期的日本，砂糖仍被当作药品，也是人们梦寐以求的食品。其利润之高，现在的人简直难以相信。

而在马可·波罗生活的同一时期，阿拉伯著名的旅行家伊本·白图泰在自己的游记中则提到："中国出产大量的蔗糖，其质量较之埃及蔗糖有过之而无不及。"他既然将埃及蔗糖同中国蔗糖相比，显然说明当时的阿拉伯世界同样也已经拥有了蔗糖的生产工艺。

在中世纪的世界历史上，阿拉伯世界往往扮演了一个东亚与欧洲技术交流的中介角色。中东的征服者也把甘蔗的栽种以及制糖的技术引入自己的西班牙新领地。于是，葡萄牙人将甘蔗带到马德拉群岛栽种。12世纪时，甘蔗由克里特岛及北非传入西西里岛。到了14世纪，塞浦路斯开始广泛栽种甘蔗，成为欧洲砂糖市场的主要供应商。原本欧洲人只知道蜂蜜是有甜味的，对于他们来说，味道甘美、颜色洁白的砂糖就像是种神秘的物质。著名的阿拉伯医学家阿维森纳就认为糖果是万能药。13世纪意大利的天主教大神学家托马斯·阿奎那（Thomas Aquinas）也大力支持把砂糖当作药品。这引起了一场奇妙的论战，论战的问题是在基督教所规定的断食修行日里，食用砂糖是否应算作违反戒律。而阿奎那的结论是：总的来讲，由于砂糖不是食品，只是促进消化的药品，即使服用了也不算破坏戒律——这等于是为砂糖进入欧洲人的餐桌大开绿灯。

不过，这种新的消费品价格昂贵，只有在皇室、贵族和高级神职人员的餐桌上才可看到。13世纪后期，英格兰宫廷的耗糖量是每年2700千克。1319年，糖在伦敦的售价为每千克4先令——在当时，这不是一般人能够享用得起的。也正因为这样，当时享用高价进口糖既是一件引人瞩目的事，也是一种炫耀财富的方式。蔗糖用作装饰品时，和阿拉伯树胶、油、水、坚果等材料混合，制成各种模型，变硬后可以进行各种各样的装饰、展示，最终会把它吃掉。有人认为，现在婚礼上普遍使用的婚庆蛋糕就取自其意，是其流风余韵。

不过，仅靠邻近欧洲大陆的几个小岛上生产的蔗糖，并不能满足整个西欧市场的需求。于是，克里斯托弗·哥伦布第二次远航美洲时（1493年），就从加那利群岛（非洲西北）带去了最初的甘蔗种苗。这些甘蔗种下后很快冒出新芽，令哥伦布喜出望外。后来，西班牙人在美洲建立了庞大的殖民帝国。远道而来作威作福的殖民者对糖的需求很大。据说，欧洲传教士吃面包时都要蘸些糖水，当作一种高级享受。然而，美洲原有的玉米根茎或糖枫只能提炼出少量糖，完全不敷所需。于是西班牙人就开始在圣多明戈（今多米尼加共和国）栽种甘蔗，用以榨糖。由于气候炎热、光照强烈、还不能太干燥，这些生长所需要的条件在加勒比海上的西印度群岛全都具备，甘蔗生长迅速。甘蔗这种源自亚洲太平洋地区的植物，就这样在"新大陆"安家落户了。

在美洲，大量甘蔗栽种在种植园中。这种甘蔗种植园可看成是一个小社会。整个园地分为五部分：甘蔗地、菜地（提供食物）、牧场（养牲畜）、林场（为建房提供木材，也为糖场提供燃料）以及一般建在甘蔗地旁的糖场。种植园的第一批甘蔗需要15～17个月才成熟。随后，人们开始栽种截根苗，12个月后，便可再次收获。到了18世纪，美洲农人已经能将甘蔗的成熟期控制在几个月内，并在多季栽种。收获的甘蔗被碾压成一种极细的有机粉后，提取出来的甘蔗汁被运送到煮沸间里，煮沸过程中需要不断搅拌黏稠的糖浆以防止糖浆焦糊。葡萄牙的基督教神父微耶拉在1633年时描述了人们在煮沸间劳作的场景，其间烟雾缭绕，"人们就像在地狱中挣扎的灵魂"。这些甘蔗种植园里榨出的甘蔗汁经过熬炼和精心制作，变成茶色的"原糖"，通常这种茶色原糖会被运往欧洲的港口——如英国的利物浦、布里斯托（Bristol）、伦敦，荷兰的阿姆斯特丹，法国的南特等欧洲港口城市——进行深加工，变为洁白的砂糖。

甘蔗的诅咒

随着美洲甘蔗种植园的兴起，大量蔗糖跨过大西洋进入欧洲市场，"加勒比地区的蔗糖改变了整个世界的饮食方式"。17世纪60年代，蔗糖居然占了英国进口商品的1/10。随着蔗糖供应量的增加，价格逐渐下降，这对于红茶的普及来说至关重要。从17世纪下半叶起，咖啡馆从伦敦发端，迅速在英国各个城市蔓延，成为贵族和绅士的社交场所。红茶因为在咖啡馆里出售，所以在中产阶级中普及开来，又过了一段时间在平民中流传开。到了19世纪，连监狱里的囚犯都能喝上了。就这样，砂糖与红茶组合在一起，成为工业革命时期英国人生活的基本组成部分。在19世纪时，廉价的糖对英国工人阶级的日常饮食变得至关重要，甚至成为热量之源。普通劳动者喝的茶是开水里放几片最廉价的茶叶，并用最粗糙的棕糖来加甜。对他们来说，糖除了让茶变甜以外，最重要的用途就是以粗糙的形式来补充碳水化合物——1900年时，它提供了人均1/6的卡路里摄取量。

但这一切并不是没有代价的。在美洲殖民地，西班牙殖民者最初强迫土著的泰诺人（Taino）在种植园里收割甘蔗。不久，由于过分压榨劳工及从旧大陆传入的疾病肆虐，泰诺人几乎消失。西班牙人及其他在加勒比海地区占有殖民地的欧洲国家，纷纷决定向种植园引入黑人奴隶作为必不可少的劳动力——因为"购买奴隶要比与契约佣工签订协议节省很多成本"。

对利欲熏心的奴隶商人来说，空船返回是绝不可能接受的，于是他们就想出了将欧洲货物运到非洲、非洲奴隶运送到新大陆、再将新大陆产品运回欧洲的赚钱方式。这样，一次航程就分成了三个阶段，三角贸易也由此得名。其中的第一步，是把枪炮、铁和盐之类的货物从欧洲运到非洲西海岸，以之交换奴隶，运送过程中船上的环境极其恶劣，死亡奴隶的尸体会被直接扔进海里；第二步，是将非洲的奴隶经由大西洋运到彼岸的西印度群岛，卖给急需劳动力的种植园主；第三步，是载着从岛上购得的蔗糖和朗姆酒返回欧洲，并从中赚的盆满钵满。伏尔泰在论及英国对美洲的殖民统治时就曾提到："他们在牙买加、巴巴多斯和其他几个海岛上种植甘蔗，不论是制糖

被奴役的人们在加勒比的安提瓜岛切割甘蔗。
《安提瓜岛的十景》 威廉·克拉克绘

或是同新西班牙贸易,都能赚大钱。"

加勒比海的"蔗糖革命"之所以成为可能,离不开源源不断输入的黑人奴隶。究竟有多少冤魂在三角贸易到达彼岸市场前就离开了人世,如今已不得而知,但可以肯定的是,为数一定不少。有人统计,1662—1807年,光是英国奴隶贩子就从非洲运走了约340万人,其中,大约45万人(约13.2%)死在航程之中。如果再算上启程前的死亡人数以及到达目的地后的"耗损",在漫长岁月里的死亡总人数更是触目惊心。更有甚者,美洲的甘蔗种植园中高强度的劳动让数百万奴隶生不如死。到17世纪末,已有25万非洲黑人被强行带到加勒比海地区,在繁重的劳役里被榨干血汗,直至耗尽生命。在他们之后,成千上万的非洲黑人被迫继续踏上这条前往美洲的死亡之路。甚至一些有道德感的英国人也曾提出,在"以人道的方式而无须奴隶劳动生产蔗糖之前,不要食用蔗糖"。然而这种抵制在历史上并未获得成功。归根结底,加勒比海地区专注甘蔗种植业是市场选择的结果,拿破仑·波拿巴一度在欧洲推广甜菜糖的生产,到"1900年,全世界出售的食糖中,大约65%来自欧洲和北美的甜菜地"。但随着技术的进步,热带甘蔗最终还是依靠它的成本优势与竞争优势夺回了市场。

而这反过来又使得加勒比海地区的经济严重依赖于蔗糖业,造成了巨大的悲剧。比如,革命胜利前的古巴经济就严重依赖于蔗糖业,甘蔗的种植面积占全国耕地面积的3/5,"到处是一望无际的甘蔗种植园,几百公里之内都无法找到一间农民的房子",国民收入的1/3及出口收入的85%来自蔗糖出口。古巴民族英雄何塞·马蒂曾说过:"如果一个国家的人民把自己的生存押在一种产品上，那无异于自杀。"因为"只要制糖工业发生最轻微的危机，就足以使古巴全体居民感到它的一切严重后果"。而在波多黎各，"以菲薄的工资雇用成千上万的季节工为基础的蔗园经济，想要靠它来改善社会经济状况，那是毫无希望的，相反，它一定会使目前的悲惨境况永久延存下去"。波多黎各民众只能居住在海边建在木桩上的拥挤而不稳固的茅屋里，"城里的粪便和腐烂的垃圾淤积在红树根之间，在热带的阳光照射下逐渐分解，发出极难闻的臭气"。这样的悲惨场面与"波多黎各"（西班牙语意为富庶的港口）的名字相比，真是一个莫大的讽刺。正因如此，有学者不无道理地指出："20世纪，加勒比地区输出的最有价值的东西既不是实物，也不是毒品，而是人口。""很多人为了寻找更好的生活，或至少更好一些的薪酬而被迫离开家乡……"V·S·奈保尔在《中途航线》里提出："历史的中心是成就与创造，而西印度群岛什么也没有创造出来。"畸形发展的甘蔗种植业正是如此。这些加勒比海上的岛国恰如漂浮在水面之上的浮萍，只能随波逐流，却把握不了前进的方向，仿佛是甘蔗带来的诅咒。

新能源的选择

回望历史，首先是阿拉伯人向西行进，这是蔗糖旅程的开端。此后，它又被西欧的征服者普及到整个西半球。最后，随着英国殖民者将甘蔗引入大洋洲的澳大利亚，蔗糖这一世界商品的历史旅程最终在距离原产地并不遥远的地方画上了句号。今天，甘蔗是世界上产量最大的作物，2020年总产量达到约19亿吨。其中巴西占世界总产量的40%。而蔗糖占全球糖产量的4/5（其余大部分由甜菜制成）。

然而，甘蔗作为一种农作物的鼎盛时期似乎已经走到尽头。从某种意义上说，它成了自己成功的牺牲品。由于甘蔗的贡献，世界上的大部分地区今天已经不缺蔗糖了。人们转而发现，糖果其实是健康的大敌。人体内若是摄入大量的糖分不能够完全吸收，无法正常吸收的糖分就会转化为糖原，然后存储在体内，吃过多的糖会影响体内脂肪的消耗，造成脂肪堆积、身材走样。过去，某公司在宣传自己生产的牛奶糖时使用的广告词会是："吃一颗牛奶糖可以跑三百米。"时过境迁，如今这个公司的广告词却很可能会被理解成：吃了一颗这样的牛奶糖，如果不运动的话就会变胖。

总而言之，食糖摄入量过多已经被当代人认为是一个重要的不健康因子。1996年"世界爱牙日"的主题干脆定为"少吃含糖食品，有益口腔健康"。在这种情况下，担心健康又向往甜味刺激的人们，不约而同地把目光投向了低能量、抗龋齿、适用范围广的甜味剂。比如，化学合成的甜味剂"阿斯巴甜"（Aspartame）的甜度为蔗糖的180倍，又比一般蔗糖含更少的热量：1克的阿斯巴甜约有4卡路里的热量，使人感到甜味所需的阿斯巴甜量非常少，以至于可忽略其所含的热量，因此也被广泛作为蔗糖的代替品，成了现在最常用的人造甜味剂。美国可口可乐公司生产的"健怡可乐"和"零度可口可乐"就都采用阿斯巴甜作甜料。

以此看来，砂糖的历史使命或许已经结束了——就像产业革命时期成为世界商品的棉纺织品，最终也正是因为化学纤维的发达而丧失了主导地位一样。但事情的发展往往有出人意料之处。自20世纪以来，人类就开始不断追求环境保护和经济发展平衡，并试图寻找可持续发展之路。在众多环境保护议题中，减少二氧化碳排放一直是世界各国的主要目标之一。在此背景下，乙醇作为一种清洁燃料已成为可再生能源的发展重点之一。

乙醇就是酒精，可以由糖分通过发酵制得。乙醇汽油就是添加量为10%的乙醇混入汽油中的新型燃料。巴西、美国率先于20世纪70年代开始推行燃料乙醇，是全球燃料乙醇生产规模最大、应用最广泛的两个国家。只不过美国以生产玉米乙醇为主，巴西以生产甘蔗乙醇为主。甘蔗生产乙醇能量效率高（1吨甘蔗估计可生产85升乙醇）、成本低，且不能作为人类的粮食，显然比用玉米生产乙醇更有优势。由于乙醇在燃烧过程中完全不排放PM2.5，巴西一个典型甘蔗加工工厂从甘蔗种植到燃料燃烧，所排放的二氧化碳总量为440千克/立方米，而汽油相应的排放总量为2.8吨/立方米，两者相差6倍以上。

随着甘蔗乙醇生产渐成规模，2003年，巴西开始引入灵活性燃料汽车。这种汽车可以灵活选择燃料，既可以是100%纯乙醇，也可以是汽油，或是将这两种燃料混合使用。随着灵活燃料汽车的出现，20年间，巴西使用含水乙醇（酒精）的量相当于替代了 1000 亿升的汽油和柴油。如今，巴西境内有 78% 的汽车（约 3000 万辆）和 34% 的摩托车（500 万辆）使用灵活燃料。巴西国内汽车市场约九成的新售汽车为灵活燃料车。

因此，从新能源角度来看的话，人类与甘蔗之间的"浪漫情史"仍未终结。就像甘蔗在过去曾是历史前进的原动力之一一样，它在未来，或许还会发出耀眼的光芒。

苎麻：神奇的"中国草"

过去在夏天，人们都喜欢穿一种"夏布"制做的衣服，尽管暑热炽盛，挥汗如雨，夏布衣服却能清凉离汗。这种夏布，就是由一种独特的植物——苎麻的纤维加工制成的。

"中国草"

所谓"苎麻"，指的是一种荨麻科苎麻属多年生宿根性草本植物，它还有苎仔、绿麻、青麻、白麻、毛把麻、刀麻、紫麻、乌麻等别名。其茎直立丛生，叶子卵圆形，背面密生着白色的茸毛。花小，成穗聚生，有黄、红、黄绿等颜色。

中国是苎麻品种变异类型和苎麻属野生种最多的国家，约有31种12变种，分布于自西南、华南到华北、东北的21个省（区、市），主要包括云南、广西、广东、四川和贵州等省区。关于苎麻的具体起源，学术界存在3种观点，即长江流域起源中心，长江流域、黄河中下游并列起源中心和云贵高原起源中心。但其原产地在中国这一点则是世界公认的。

苎麻的纤维细长，韧性好，洁白而富有光泽，拉力很强，耐水湿，富有弹力和较好的绝缘性，是一种优良的纺织原料。中国古代先民早已发现了这一点。在距今 6000 年前的浙江宁波余姚河姆渡文化遗址中，已出土了苎麻绳索、苎麻叶。而在浙江湖州吴兴区钱山漾文化遗址中出土的苎麻织物碎片表明，在 4000 多年前中国就出现了平纹苎麻织物。这些织物的经纱密度大约每厘米 24～31 根，纬纱密度大约每厘米 16～20 根，表明当时的纺麻技艺已经有一定的水平。浙江一带，也一直以盛产苎麻出名，不少地方甚至以"苎""麻"作为地名。如记载春秋时代史事的《越绝书》中有"苎萝山"。那是西施的生长地，以苎为名，当盛产苎麻。湖州长兴县还有"苎溪"。据成书于北宋初年的《太平寰宇

新石器时代钱山漾类型残麻布片。
浙江省博物馆

记》载,苎溪是山墟名,以贡苎著称。

苎麻在中国古代史籍里出现的时间也很早,《诗经》中的《陈风》里有"东门之池,可以沤纻"的说法。在古代的传统字书,如《说文解字》《尔雅》《广韵》《康熙字典》中却无"苎""纻"相关记录,用来表示苎麻的字为"纻"、"苧",当代字典中里的"苎""纻"分别为"苧""纻"的简体字。

"沤纻"是什么意思呢?苎麻的茎秆和葛藤一样,外表有一层韧皮纤维,它是由一种植物胶质和纤维黏结在一起的。要利用苎麻纤维绩麻织布,必须脱去胶质,把纤维分离出来。葛皮的胶质只要用沸水一煮,大都脱去,而苎麻纤维的脱胶却不像葛那样简单。苎麻外皮的胶质是难以用沸水煮掉的,"沤纻"就是利用微生物进行自然脱胶。池塘大都是聚集的雨水,水质是天然的软水;池里的水流动较慢,或根本不流动,在暖洋洋的太阳照射下池水吸热,水温逐渐升高,为细菌的迅速繁殖创造了条件。其中有些种类的细菌以分解苎麻皮的胶质为营养,将纤维分离出来。这是人们利用苎麻时最重要的工序,也就是"脱胶"。

"沤纻"这样一个操作工序被古人赋诗讴歌,想来苎麻在当时一定是人们极其熟悉的一种农作物了。到了春秋战国时期，中国的苎麻纺织业已经相当繁荣。《左传·襄公二十九年》中记载，子产送晏子缟带，晏子以苎衣作为还礼。以苎衣作还赠缟带的礼物，表明当时的苎麻布足以和丝织物媲美。当时的另一种纺织品大麻的纤维不如苎麻纤维细长而有光泽、弹力强而耐热力大，故服饰以苎麻纤维原料为贵。《战国策·齐卷第四》记载："鲁仲连对曰，君之厩马百乘。……后宫十妃，皆缟苎。"这就说明，精细的苎麻衣物是当时贵族的衣着原料。1957年，湖南长沙出土了战国时代的精细苎麻布，每10厘米中经线有280根，纬线有240根，当时叫作"十五升布"。它比现代的每10厘米经纬各有240根的细棉布还要致密。制作这种加工精细、绚丽多彩的苎麻布，不仅需要品质十分优良的苎麻纤维，而且还需要有巧夺天工的卓绝技艺！

另一方面，麻布也是棉布普及前中国古代普通百姓最主要的衣着原料。唐宋时期，苎麻是广泛种植的经济作物，"丘区广栽之，湖区间有之"。唐代将苎布分为九等，非常细的苎布用来织做统治阶级的服饰，没那么精细的苎布用来织造普通百姓的衣物，其中较细的苎布做夏布，粗糙的苎布做冬衣，苎布产量大幅度增加。杜荀鹤在《蚕妇》诗中写道:"粉色全无饥色加,岂知人世有荣华。年年道我蚕辛苦,底事浑身着苎麻。"这大约说的是一年到头辛苦忙碌的养蚕妇女,却不能穿用丝绸,只能穿着价格低廉的苎麻布。

当时的苎麻布还有一个用途,就是制作"夹苎像",也就是用漆涂裹苎麻布而制成的菩萨像。造像时,先搏制泥模,再在泥模上裹缝苎布,再用漆加以涂凝光饰,然后将泥除去,脱空而成像。唐广德元年(763)5月,东渡扶桑的鉴真法师在日本奈良唐招提寺圆寂,享年76岁。圆寂之前,其弟子思托等人为其建造了干漆夹苎像。这尊被日本视为国宝级文物的鉴真干漆夹苎像曾"回国探亲",在其故乡江苏扬州和首都北京隆重接受中国僧众的瞻礼。

作为一种纺织原料,中国的苎麻在较早时期就东传朝鲜与日本,在日本被称为"南京草"。18世纪,苎麻传入英国。1810年亚麻纺织机问世以后,苎麻被大量地输入法国,并且发展成为重要的纺织原料。1855年,苎麻输入美国,1860年引入比利时,以后又引到非洲等地种植。故欧美各国称苎麻为"中国草",可谓名副其实。

全身是宝

苎麻可谓全身是宝,除了用作纺织原料之外,苎根很早就被当作药物。苎麻叶也可以食用。《本草纲目·草部》记载:"苎叶面青,其背皆白,可刮洗煮食。"据说,在闽西山区,百姓常用苎麻叶和米粉做粑食用,味道香美。但在整个历史上,或许意义最为不同寻常的一点是,苎麻可以作为造纸原料。

"纸"字,在《说文解字》里有一个解释:"纸,絮(即纤维)也,一曰苫也。"这是个形声字,构成纸的植物纤维从肉眼看确像白细的丝絮,故而从"糸",合情合理。现在一般认为,所谓"纸",指植物纤维原料经人工机械—化学作用制成纯度较大的分散纤维,与水配成浆液,经漏水模具滤水,使纤维在模具上交织成湿膜,再经干燥脱水形成有一定强度的纤维交结成的平滑薄片,作书写、印刷和包装等用的材料。根据这个定义,虽然英文的"纸"(paper)的词根来自拉丁文的"纸莎草"(papyrus)一词,但古代中东、欧洲使用的莎草"纸"就跟同样用来书写的羊皮"纸"一样,其实都算不上是真正的纸。真正的纸绝非对竹木、羊皮等自然物的简单加工，而是一种天才的真正的创造。它不似飞机那样早就出现在人类的想象之中，也不像制陶和酿酒那样可以从火烧结泥土、熟食发酵中直接受到启发，完全有理由认为，纸是人类发明史上辉煌灿烂的一页。

那么，纸是何时面世的呢？《说文解字》作为中国现存最早的字典，是东汉时期由学者许慎（约58—147年）编著的一部文字工具书。它成书于公元100年。而在此之前，诸如《尚书》《诗经》《论语》《老子》《孟子》之类的先秦典籍里，只有"简""券""契""帛""版""札"等与书写材料有关的文字，唯独没有"纸"字。甚至在留存至今的许多汉代著作里，诸如司马迁《史记》班固《汉书》桓宽《盐铁论》王充《论衡》，其原文也鲜有"纸"字。

这似乎是在印证流传很广的一个观点，也就是《后汉书·蔡伦传》里的记载："伦乃造意用树肤、麻头及敝布、渔网以为纸。元兴元年，奏上之。帝善其能，自是莫不从用焉，故天下咸称蔡侯纸。"因为范晔在《后汉书》里明确地指出蔡伦以前的纸实际上都是缣帛，真正的纸是东汉的一位宦官蔡伦发明的，所以自从《后汉书》在5世纪成书后，在长达15个世纪的时间里，人们一直认为是蔡伦在东汉和帝元兴元年（105年）发明了纸。在古代的诸多技术发明里，这大概也是相当罕见的发明人、发明时间记载都十分清晰的例子。

但纸的发明真的是蔡伦灵光闪现的结果吗？1957年5月，陕西西安东郊灞桥砖瓦厂工地古墓遗址又出土了一批文物，内有铜镜、铜剑、半两钱、彩绘陶器、石虎等物上百件。考古学家按墓葬形制、出土器物判断其下葬期不晚于西汉武帝时代（公元前140—前87年）。在清理文物时发现一枚青铜镜上垫衬着麻类纤维纸的残片，大大小小共80多片，其中最大的一片长宽各约10厘米。经过化验分析，"灞桥纸"的原料是苎麻（和大麻）纤维。它的发现，为"西汉已有纸"的看法提供了有力的证据。1990年，在甘肃敦煌汉代悬泉置遗址的发掘中，又出土麻纸460多件、墨书麻纸文书10件。经中国科技大学文保中心龚德才教授团队通过对4片古纸进行分析，初步发现有3片原料为苎麻。无怪乎1990年7月5日的《中国文物报》就此写道："作为四大发明之一的纸的实物竟会出现在西汉初年的墓葬中，不禁令人联想起学术界多年来有关西汉是否有纸的争论可以到此休矣！"

的确，上述几种西汉纸比蔡伦所造之纸分别早300～100年。现在无论如何已不可能再否定蔡伦之前的中国人已经发明了现代意义上的"纸"这一事实了。

汉灞桥残纸。
陕西历史博物馆藏

不过，西汉时期虽然已经能够造纸，但从出土实物的情况看，这些纸质地还较粗糙，结构也较为松散，制造技术明显处于初级阶段。造纸的方法和原料还存在一些问题，质量差，而且无法大量生产。这些弊端汇在一起的结果就是，当时的纸价高质劣，难以推广。而蔡伦在造纸发展史上的功绩，正是在于他解决了这些问题。

据史籍记载，蔡伦担任尚方令期间，"监作秘剑及诸器械，莫不精工坚密，为后世法"，表现出杰出的革新精神和创造力。史籍记载他经常去民间考察沤麻、煮葛、纺织等生产经验，并潜心研究，加深和积累了对植物原料与纤维性能的认识。于是，他总结了西汉以来的造纸经验，利用东汉皇室工场的物质条件和能工巧匠，以麻头、敝布等为原料，制造出可用于书写的植物纤维纸。虽然在蔡伦之前也有纸的存在，但是原料本身就有很大的局限，而蔡伦对新原料的发现，解决了这个问题。

所谓"麻头"是废旧的绳头、麻絮和纺织、制造绳索的下脚料；"敝布"是旧衣破布，是麻原料经过纺织、穿着使用后的废品。这些破布、破渔网早已结束了它们本身的任务，成了废物。但同时，旧衣破布中的苎麻原来是以纤维束形态存在，在长期使用中日晒、汗渍、水漫、摩擦与洗涤，尤其是古代洗衣会棒捣；在揉搓、敲打等作用下，木素、果胶与耐水油脂等继续溶出并减少，使纤维束部分疏散断裂成单纤维或短纤维束而糟朽，比起新麻反而更容易打浆。蔡伦虽然可能还不明白这一原理，但他自觉将其用作造纸原料，既不与纺织争原料，又可利用社会上的废弃物资，可谓变废为宝，使得纸的广泛使用成为可能。从汉代至唐代（前2—10世纪）千余年间，也以麻纸产量为最大。

造福世界

在造纸术发明之前，汉代的古人曾经广泛采用过竹简（及木牍）与缣帛（丝织品）作为书写材料。中国盛产竹木，就地取材，廉价而易得。但它们过于笨重。汉语里有句成语叫作"学富五车"，指的就是战国时期的惠施（庄子的好朋友）外出时要携带五车书，被人称为了不起的学者。其实惠施的五车书如果印成现在的书，恐怕一个中学生的书包就可以装得下。还有，秦始皇每天要批阅的竹简文书重达120斤。后来的东方朔写信给汉武帝，用了3000片奏牍，两个体格魁梧的大力士气喘吁吁才勉强抬进宫殿。至于缣帛，用作书写材料的品质远胜于竹木。其质地不仅轻柔，便于携带保藏，且易吸墨，更胜于简牍；表面光洁，纤维伸张力强，可使书写清晰，不易侵蚀，与竹木相较，更易于保存。但丝织品实在是太贵了。在汉代，一匹长4丈、宽2尺2寸的帛，竟相当于720斤大米的价值！这样昂贵的价格，是一般人根本无法问津的。

可以说，只有新诞生的纸张，才能满足汉代以降的中国社会对质优、价廉、轻便、量多的书写材料的迫切需求。可谓千呼万唤始出来。魏晋时期已造出大量洁白、平滑，而且方正耐折的纸，人们就不必再用昂贵的缣帛和笨重的简牍去书写了，而是逐步习惯用纸。晋武帝时任尚书左丞的傅咸（239—294年）在《纸赋》中写道："夫其为物，厥美可珍，廉方有则，体洁性贞。含章蕴藻，实好斯文。取彼之弊，以为此新。揽之则舒，舍之则卷。可屈可伸，能幽能显。"这是说麻纸由破布做成，但洁白受墨，物美价廉，写成书后可以舒卷。

在实际使用中，越来越多的人体会到了纸的优越性。东晋的世家大族代表人物桓玄（369—404年）一度篡晋自立，旋事败被杀。此公"在位"的时间虽然短暂，却颁发过一道具有历史意义的诏令，下令宫中文书停用简牍，而改用黄纸："古无纸，故用简，非主于敬也。今诸用简者，皆以黄纸代之。"

甚至在此之前，纸张早已渗透到了边疆地区。1907 年，英国人斯坦因在甘肃敦煌附近的长城烽燧遗址，掘得 9 封用中亚粟特文（Sogdian）写在麻纸上的书信。写信人南奈·万达（Nanai Vandak）是西晋永嘉年间（307—313 年）客居在凉州（今甘肃武威附近）的中亚康国（今乌兹别克斯坦撒马尔罕）的粟特人，他在写给友人的信里叙述了中国京城洛阳宫内为匈奴人所焚、皇帝出走的可怕事件。这正与前赵统治者刘聪攻克西晋京城洛阳的事件相符。既然 4 世纪早期来中国西北做生意的外国客商也用麻纸写信，足见纸张用作书写材料的情形在此时已经相当常见了。之后的南北朝时期，日本与中国开始频繁往来，开始引进造纸术。著名的法隆寺、东大寺所藏日本飞鸟时代（592—714 年）文书用纸，原料同样多为苎麻。

到了 751 年 7 月，唐朝安西四镇节度使高仙芝的军队与黑衣大食（阿拉伯帝国）的边防军在中亚怛罗斯城发生了一次孤立的冲突。这场战役的一个后果是，阿拉伯人俘获的唐朝战俘中有造纸工匠，这些工匠被带回到阿拉伯在中亚的军事驻地撒马尔罕后，造纸技术开始在伊斯兰世界生根。如同在中国造纸的习惯一样，造纸工匠们以地方命名，把当地生产出来的纸叫作"撒马尔罕纸"。不久，在阿拉伯帝国各属地都熟知这种纸了。1877—1878年，在埃及的法尤姆（el-Faiyum）、乌施姆南（el-Ushmunein）及伊克敏（Ikhmin）三地曾经出土了大量古代写本，总数10万件，用10种不同文字写成，时间跨度高达2700年，多数写在莎草片上，也有用羊皮及纸写的，此发现震动世界。其中阿拉伯文的纪年纸本文书换成公历后，相当于791、874、900及909年，都是麻纸，纸上有帘纹，与中国唐代的麻纸完全一样。显而易见，这种阿拉伯纸是用中

撒马尔罕郊区的一家造纸厂在制造传统的撒马尔罕纸。

国唐代技术制成的。

鼎盛时期的阿拉伯帝国曾经将版图扩展到伊比利亚半岛（今西班牙与葡萄牙），阿拉伯纸自然也被征服者传播到那里。西班牙现存最早的纸本文物为10世纪写本，即用麻纸写成。11世纪，造纸工艺也在西班牙生根。到了1276年，意大利中部的法布里亚诺（Fabriano）也出现了第一座造纸作坊（从埃及引进技术），虽然当时意大利人生产的纸张普遍不如叙利亚和巴格达的精美，但成本十分低廉，产量也很大。造纸术从这里继续传入欧洲大陆腹地的瑞士和德国等地。此后，欧洲各国都先后建立起本国的造纸业。

掌握造纸术对中世纪欧洲来说是一个意义巨大的事件。中世纪的西欧，禁欲主义和宗教主义统治一切，神学和经院学垄断文化领域，整个欧洲都处于中世纪的黑暗之中。其根本原因是由于书写材料（和印刷术）的限制，文化信息的传播极其困难，人民处于蒙昧之中而甘受统治。普通人并非不愿意学习知识，而是没有机会。当时生产一本羊皮纸的《圣经》需要300张羊皮，价格之昂贵是普通民众所无法想象的。因此，书写的材料和行为都被归于一种精英文化，只有极少数人才能读书写字，才能接受高等教育，平民是没有任何机会的。直到有了中国的造纸术之后，"使过去传播思想的昂贵材料被一种经济的材料取代，这就促进了人类思想成果的流传"。从此之后，欧洲人才得到了便宜的书籍，文化、知识、教育才真正能从修道院中解放出来，人民的思想才得以启蒙，新的知识像开闸的洪水一样，成千上万的思想家、科学家、艺术家涌现。因此也可以说，苎麻这种神奇的"中国草"及造纸术是古代中国人民送给全人类的一份厚礼。

第五章

本草愈民

疟疾的克星：黄花蒿与青蒿素

2015年的诺贝尔生理学或医学奖，授予中国科学家屠呦呦与其他两人，以表彰他们"发展出针对一些最具毁灭性的寄生虫疾病具有革命性作用的疗法"。在获奖感言里，屠呦呦说道："青蒿素的发现是中国传统医学给人类的一份礼物。"

古老的中药

1930年，屠呦呦出生在浙江宁波。父亲给她起名"呦呦"，源自中国古籍《诗经》中的诗句"呦呦鹿鸣，食野之苹……呦呦鹿鸣，食野之蒿……呦呦鹿鸣，食野之芩……"冥冥中似有天意，这个名字注定屠呦呦的人生将与"蒿"有缘。

《诗经》里的这个"蒿"字，在许慎所著《说文解字》里就解释为"青蒿也"。作为一种传统中药，青蒿应用早在出土于马王堆三号汉墓的《五十二病方》里就有相应记载，如"取弱

（溺）五斗，以煮青蒿……以熏痔，药寒而休"。现存最早的中药学专著《神农本草经》中也记载了有关青蒿的内容，如"主疥搔，痂痒，恶创，杀虫，留热在骨节间。明目。一名青蒿，一名方溃。生川泽"。

人们对青蒿的认识是不断深入的，北宋时期的沈括在《梦溪笔谈》里就提出，"青蒿一类，自有两种，有黄色者，有青色者"。但他认为："至深秋，余蒿并黄，此蒿犹青，气稍芬芳。恐古人所用，以此为胜。"到了明代，大医学家李时珍则明确分出了青蒿（草蒿、香蒿）与黄花蒿。在《本草纲目》里，李时珍明确写道，黄花蒿"（又名）臭蒿，一名草蒿。与青蒿相似，但此蒿色深带淡黄，气辛臭不可食，人家采以罨酱黄酒曲者是也。"此外，李时珍记载青蒿"苦、寒、无毒"，主治"疟疾寒热"等；黄花蒿是"辛、苦、凉、无毒"，而其主治也仅写了治"小儿风寒惊热"，却没有治疗"疟疾寒热"的功能。

有趣的是，李时珍在《本草纲目》里还提到，"呦呦鹿鸣，食野之蒿。即此蒿也……青蒿春生苗，叶极细，可食……"唐代苏敬主编的《新修本草》中记载："草蒿处处有之，即今青蒿，人亦取杂香菜食之。"宋代寇宗奭所撰《本草衍义》中记载:"草蒿:今青蒿也,在处有之,得春最早,人剔以为蔬,根赤叶香。"他们也都认为青蒿是可以作为蔬菜食用的。

谁知到了近代,青蒿与黄花蒿这两个名字却一度产生了混乱。在植物分类学上,蒿属是菊科中一个大属,约有200～400种,其中分别有青蒿与黄花蒿两个物种。其中,青蒿(Artemisia apiacea Hance)是一种一年生或两年生草本植物。植株有香气。根单一,具匍枝。茎单生。叶两面青绿色或淡绿色,二回栉齿状羽状分裂,每裂片具多枚长三角形的栉齿。头状花序半球形或近半球形,直径3.5～4毫米,花淡黄色。花果期6～9月。而黄花蒿(Artemisia annua)则是另一种菊科蒿属的一年生草本植物,高达1.5米,茎上部多分枝。茎叶互生;三回羽状全裂,裂片线形。头状花序多数,排列成尖塔形、具有叶片的圆锥花序,密布在全植物体上部;秋季开黄花。果期为10～11月。

从形态上看,李时珍所说的青蒿指的应该是今天我们所说的黄花蒿。它有别于青蒿之处为其头状花序较密且多,直径约为青蒿的1/3,茎、叶为黄绿色,而青蒿则为深绿或青绿色。偏偏"青蒿素"的名字张冠李戴,它并不是来自青蒿。提取青蒿素的原植物，在植物学上叫黄花蒿而不是青蒿，而植物学上叫青蒿的植物反而不含青蒿素。黄花蒿花盛开时割取其地上部分，除去老茎，阴干，便是中药青蒿。青蒿素提取自黄花蒿，为什么却不叫"黄蒿素"呢？这是因为虽然在植物学范畴里，青蒿和黄花蒿是同属菊科的两种植物，但是在中医药领域，青蒿和黄花蒿却统称青蒿。

黄花蒿植物标本。
（Artemisia annua）

青蒿植物标本。
（Artemisia apiacea Hance）

由于这个因素，早期国家药典曾将青蒿、黄花蒿都作为青蒿入药使用，直至 1990 年才进行了改正，仅仅承认黄花蒿为青蒿的正品药用植物。现在的《中华人民共和国药典》中已明确认定中药青蒿的来源为"菊科植物黄花蒿（Artemisia annua）的干燥地上部分"。现代中医认为，中药青蒿性寒，味苦、辛，具有清热解暑、除蒸、截疟的功效。可用于暑邪发热、阴虚发热、夜热早凉、骨蒸劳热、疟疾寒热、湿热黄疸等症的治疗。另外，中药青蒿还具有一定的解热、免疫调节作用以及减慢心率、降低冠状动脉血流量等作用。

难缠的"敌手"

"疟疾寒热"曾是一种严重危害人类生命健康的世界性流行病。据世界卫生组织报告，全世界数十亿人口生活在疟疾流行区，每年约有两亿人罹患疟疾，百余万人因此死亡。

对于人类来说，疟疾算是一种古老的疾病。"疟"是"瘧"字的简体写法，《说文解字》将这个字解释为"热寒休作，从疒从虐"。《黄帝内经·素问》里已经把疟疾的发病分为三种：

每日发作一次、隔日发作一次和每三日发作一次。它的典型症状是发烧和无任何不适感的两个阶段的反复循环。疾病开始的标志是头痛，一般的小病、疲乏、作呕、肌肉痛、轻度腹泻和体温稍有增加等，这些非常模糊的症状经常会被误认为是流感或胃肠感染。但是疟疾最严重的时候，开始是高烧，然后发展成意识逐步丧失和惊厥，随后是持续昏迷直至死亡。

长期以来，医生们对疟疾几乎无计可施。旧时云南流传的民谣唱道："五月六月烟瘴起，新客无不死，九月十月烟瘴恶，老客魂也落。"这正是疟疾高发地区的真实写照。而意大利诗人但丁在《神曲·地狱篇》中则借助疟疾将恐惧描绘得活灵活现："犹如患三日疟的人临近寒战发作时/指甲已经发白/只要一看阴凉儿就浑身打战/我听到他对我说话时就变得这样/但是羞耻心向我发出他的威胁/这羞耻心使仆人在英明的主人面前变得勇敢。"令人感到悲哀的是，但丁本人也正是死于这种恐怖的疾病。

由于疟疾总是在潮湿、沼泽地区流行，中西方的古人最初都认为罪魁祸首应当是一种有毒气体。西文的"疟疾"（Malaria）一词便是由"坏"（mala）和"空气"（aria）二词组成；中国古时则称疟疾为"瘴气"，指的也是南方山林间湿热、蒸郁的空气。直到近代，人们才终于搞清楚，疟疾的罪魁祸首是疟原虫，而蚊子则是它的帮凶——蚊子叮咬，不仅影响人们的睡眠，给生活带来诸多不便，而且简直可以说是一场秘而不宣的生物战争。这种昆虫的嘴上长着6根比蜘蛛丝还细的尖螯针，其中有两根是刺血针、两根是长着32个锯齿的锯刺刀，其余一根是食道、一根是唾液管。这6管齐下，轻而易举就穿透了人类的皮肤。在蚊子吸血的过程中，它所携带的细菌便趁机进入了人的身体。

随之而来的研究，终于使得元凶疟原虫的复杂生命循环无所遁形。疟原虫寄生在雌性按蚊体内繁殖，通过血液循环到达唾液腺，每当按蚊叮咬皮肤时，随着唾液注入受害者的体内。而按蚊在吸吮疟疾患者的血液时，又把疟原虫吸到胃里；在叮咬健康人时，再把疟原虫注入健康人的血液里。十天以后，疟原虫开始在接近皮肤的血管内出现。它们在患者的红血球内繁殖，分裂成大量的小疟原虫，这些小疟原虫破坏红细胞并释放一种毒素。每个小疟原虫又侵入其他红细胞而继续繁殖，使得病人体内疟原虫和毒素越来越多，引起患者发冷和发烧。得了疟疾的病人首先发冷，全身抖个不停，但体温计测验体温是高的。大约经过一小时，病人才觉得发烧，这时体温继续上升，三四小时之后开始出汗、体温下降，再过几小时病人觉得轻松，病好像过去了，其实这时小疟原虫已侵入新的红细胞，又开始繁殖。当疟原虫再次破红细胞而出时病人又随之发病，如此往复。

治疗疟疾的第一缕曙光出现在遥远的南美洲。人类发展史上的一个有趣现象是，虽然文明程度各有不同，但似乎每一个民族都有一些"灵丹妙药"——尽管这些药物很可能只是当地人歪打正着摸索出来的。据说，在1630—1638年的某段时间，西班牙驻秘鲁总督钦康（Cinchon）的夫人丽蓓拉（Ribera）染上了严重的疟疾，求医服药加上神父的祈祷都未能奏效。正当这位美丽的总督夫人奄奄一息的时候，一个从山区赶来的印第安人带着几片干树皮气喘吁吁地直奔总督寓所，声称用这种树皮可以治好总督夫人的病。对于这种来历不明的树皮，钦康总督当然不会贸然相信。但当时他别无选择，也只好抱着试试看的心态勉强接受了这种民间单方。结果出乎意料，总督夫人的疟疾竟被这种外表看来粗糙不堪的树皮治好了。1639年前后，也许是由热情的总督夫人，也许是由总督的私人医生，也许是由耶稣会士，将这种树皮带回了西班牙，并逐渐推广开来。所以西班牙人也把用这种树皮研制的药粉称作"总督夫人药粉"。

这个传说很可能不是真的，但流传甚广。受其影响，伟大的瑞典博物学家，生物分类学的奠基人林奈就用钦康总督的名字作为植物的"属名"，用以给具有抗疟疾神奇功效的南美洲安第斯山脉常绿树命名，称为"cinchona"，中文音译为"金鸡纳"（相应的，用金鸡纳树皮磨成的粉也就称为"金鸡纳霜"）。从此，这个关于总督夫人的传说，就以植物科学命名的形式被永久保存了下来。自西班牙人发现后近300年间，金鸡纳霜曾是全世界唯一有效的抗疟疾药，迄今为止经其治疗的人数比经任何其他药物治疗的传染病患者人数都多。1826年，法国药剂师佩雷蒂尔和卡文顿从金鸡纳树皮中提取了奎宁（生物碱）。此后，几位法国医生在治疗中发现奎宁的确能够治疗疟疾，也就是说它才是"金鸡纳"树皮中的有效成分。

然而，随着奎宁使用量的增加，疟原虫对它的抗性也在增加，其药效因此大打折扣。同样产生抗药性的还有疟原虫的宿主蚊子。第二次世界大战以后，人类一度似乎看到了根除蚊子的曙光：自己的武库里出现了一种强有力的新型"超级化学武器"——滴滴涕（DDT）。人们开始有意识地向蚊子展开主动进攻。住所内外一经施用这种"神器"，传播疾病的蚊子便销声匿迹了。

赫尔曼阿道夫·克勒绘制的金鸡纳植物图鉴。

好景不长，化学杀虫剂的使用只取效于一时，不久之后，许多蚊子已经对滴滴涕产生了抗药性，从而使滴滴涕在有些地区对疟疾的控制失去了原本的效力。更让人始料不及的是，滥用杀虫剂不仅没有使蚊子绝迹，反而污染了我们自己的生活环境——就像蕾切尔·卡逊在划时代的科普读物《寂静的春天》中所说的那样。

这两个因素混在一起，就形成了蚊子（挟疟原虫）向人类疯狂反扑的局面。20世纪60年代，疟疾再次在全世界肆虐，尤其是在东南亚地区，疫情曾近乎失控。在当时战火连天的越南，疟疾对敌对双方都造成了巨大伤害。这边，越南人民武装因疟疾造成的非战斗减员，已远远超过因战斗造成的伤亡损失。当时，一个团的兵力到达南方战场，因感染疟疾，最终导致能执行任务的兵力还不到两个连。那边，疟疾也成为侵越美军的梦魇。据战后美军公开的资料，仅从1967年到1970年的4年中，感染疟疾的侵越美军人数即达80万人。为尽快解决侵越美军遇到的医药难题，美国政府专门成立了疟疾委员会，组织了大量科研机构开展抗疟疾新药的研发。然而，至越南战争结束时，美国共筛选出了20余万种化合物，却始终没有取得理想效果。

青蒿素之路

正是在这样的背景下，越南政府紧急向我国寻求援助，一项研制防治抗药性恶性疟疾新药的任务悄然降临。1967年5月23日，国家科委和原解放军总后勤部召集国家部委、各省市区和解放军等几十家单位在北京召开"疟疾防治药物研究工作协作会议",确定开展全国军民协作的抗疟攻坚战,任务代号"523"。

这一项目持续了13年,聚集了全国60多家科研单位,参加项目的常规工作人员有五六百人,加上中途轮换的,参与者总计有两三千人之多。1969年1月21日,屠呦呦以中医研究院科研组长的身份,参加了"523"任务。在此之前,国内其他科研人员已经筛选了4万多种抗疟疾的化合物和中草药,却没有筛选出任何一种满意的药物。于是,屠呦呦等人开始系统整理历代医籍,并四处走访老中医,最后整理出了一个包括青蒿在内有640多种草药的《抗疟单验方集》。

可是,在第一轮的药物筛选和实验中,青蒿提取物对疟疾的抑制率只有68%,甚至还不如胡椒(84%)的效果好。后来,在第二轮的药物筛选和实验中,青蒿的抗疟效果甚至降到只有12%。因此,在相当长的一段时间里,青蒿并没有引起大家的重视。直到1971年下半年,屠呦呦从东晋术士葛洪所著的《肘后备急方》一书中受到启发。书中记载了"治寒热诸疟方:又方,青蒿一握,以水二升渍,绞取汁,尽服之"的内容。这一记述与传统的中药煎熬后服用有很大的不同。煎熬后的中药经过了高温，是不是高温破坏了青蒿的有效成分？因此，屠呦呦决定降低提取温度，由乙醇提取改为用沸点更低的乙醚提取，结果取得惊人发现："青蒿乙醚粗提物的中性部分能100%地抑制疟原虫，对疟鼠和疟猴也有95%～100%的疗效。"

1972年，从中药青蒿中分离得到抗疟有效单体，命名为青蒿素，对鼠、猴的疟原虫抑制率达到100%。此后，经过两年研究，广东、江苏、四川等地用青蒿素和青蒿素简易制剂临床治疗疟疾2000例，其中青蒿素治疗800例，有效率100%；青蒿素简易制剂治疗1200例，有效率在90%以上。考虑到古籍关于青蒿、黄花蒿、臭蒿等的记载模糊，蒿药的选择、采药时节、入药部位、适应症和疗效等缺乏明确一致的定论，屠呦呦的同事胡世林又对我国各地、市售入药的近20种蒿属植物进行筛选，分别制备提取物、进行化学鉴定并测定抗疟活性，发现只有黄花蒿这一种含有青蒿素，其他蒿属植物均不含青蒿素。屠呦呦后来进一步发现，青蒿（黄花蒿）的叶部才含有青蒿素，但青蒿（黄花蒿）幼株的青蒿素含量很低，无抗疟作用。

在化学上，青蒿素是一种少见的含有过氧桥的倍半萜内酯类化合物。普遍认为这种过氧化结构与青蒿素的抗疟活性有关。青蒿素是新一代的"疟疾克星"，它具有全新结构和独特抗疟活性，是中国医药卫生科学家从青蒿中获得的划时代发现和自主创新成果，从而改写了只有生物碱成分抗疟的历史。1975 年，青蒿素的成品新药研制成功，并于 1979 年通过了国家鉴定。

其实，到 1988 年青蒿素大规模生产时，越南战争早已结束，而我国的疟疾流行已基本得到控制。但这种"中国神药"并不缺乏用武之地。20 世纪 90 年代非洲疟疾状况严重恶化，约 90% 的疟疾致死病例发生在撒哈拉南部地区，其中绝大部分是 5 岁以下的儿童。导致疟疾发病率和死亡率持续升高的诸因素中，最重要的一个就是恶性疟原虫对传统抗疟药的普遍耐药性。由于这个原因，2004 年 12 月 21 日，世界卫生组织驻中国代表处代表在北京祝贺 Coartem（复方蒿甲醚片，由蒿甲醚与本芴醇组成）10 周年生日，感谢中国对世界疟疾治疗的重大贡献。蒿甲醚是青蒿素的衍生物，复方蒿甲醚片则是蒿甲醚与本芴醇的复方制剂。根据世界卫生组织的统计数据，自

2000年起，撒哈拉以南非洲地区约2.4亿人口受益于青蒿素联合疗法，约150万人因该疗法避免了疟疾导致的死亡。直到几十年后的今天，使用青蒿素为基础用以治疗疟疾的联合疗法疗效仍能达到90%以上。

不言而喻，随着青蒿素的发现，黄花蒿这种植物也因此身价倍增。实际上，野生的黄花蒿广泛分布于温带、寒温带及亚热带地区。无论是山坡、林缘，还是荒地、路边，它都能健康生长；有时还能生长在草原、干河谷、半荒漠及砾质坡地；甚至在盐渍化的土壤上也能看到它的踪迹。然而，青蒿素含量随黄花蒿产地不同差别极大。世界绝大多数地区生长的黄花蒿中青蒿素含量都很低，只有中国云、贵、川地区的黄花蒿含有较高的青蒿素。譬如，云南药物所曾经发现，四川酉阳（现重庆）武陵山区产的黄花蒿含有近1%的青蒿素，高出全国其他地区黄花蒿所含的青蒿素2倍。显而易见，要是青蒿素含量过低，黄花蒿就失去了工业生产价值。1988年3月，酉阳的武陵山制药厂正式建成投产，这也是全国第一家吨级规模的青蒿素生产药厂。2004年7月，世界卫生组织从酉阳购买1亿剂量的青蒿素类药物，以消除疟疾这个"杀手"。青蒿素的工

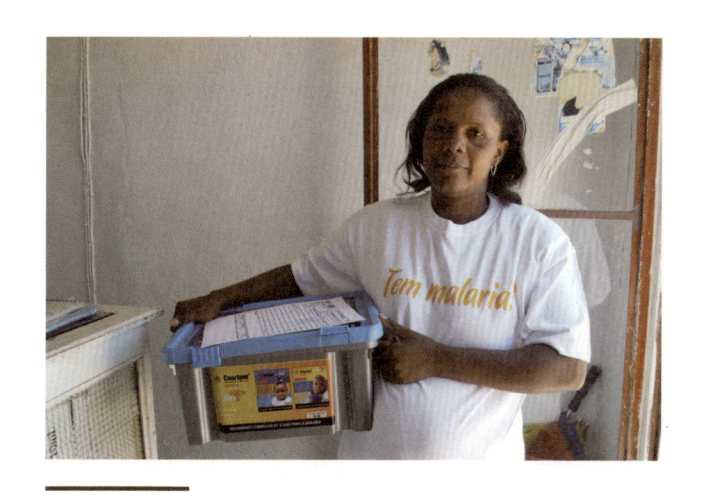

一名安哥拉妇女手里抱着复方蒿甲醚片。

业化生产让中药产业国际化进程向前迈进了一大步。

目前，中国是全球青蒿素最大的原料供应基地，承担着全球7成以上的青蒿素原料生产供应，重庆酉阳还被誉为"世界青蒿之都"。从这个意义上说，尽管黄花蒿可以说是一种世界性植物，但青蒿素绝对是中国的特产。它与中医一样，成为中华民族为世界文明做出的重大贡献。

人参：源自中国的"百草之王"

在中国成书最早的药方著作《神农本草经》里，有这样的记载，人参"主补五脏，安精神，定魂魄，止惊悸，除邪气，明目，开心益智，久服轻身延年"。正是因为有这样神奇的功效，人参也被形象地称为"百草之王"。

源自中土

人参，是一种五加科（Araliaceae）人参属（Panax L.）多年生草本植物，它以其独特的形态傲立大地。其茎独立挺拔，犹如一位亭亭玉立的少女。在初夏时节，茎的顶端会绽放出伞形的青白色小花，花瓣围绕着钟形的萼，如覆瓦般排列，显得优雅而有序。进入七八月，人参的果实会由青变红，晶莹剔透，光彩夺目，乾隆皇帝曾以诗赞美其"一穗垂如天竺丹"，生动描绘了人参果实的美丽。而在深山之中，此时的人参更是犹如"翠藐绛实，烂然灌莽间"，显得格外醒目。人参的叶子呈淡绿色，它们轮生于茎的顶端。新生的人参只有由3片小叶组成的1枚复叶；然而，随着年份的增长，其复叶数量会逐年增加，直至6枚后停止增长。从第二年开始，每枚复叶都由5片小叶组成，这种形态让诗人们联想到"一鸟飞五花"的美丽画面。至于人参的根部，它尤为肥大，形状如同纺锤，侧根细长而有力，不定根更是发达，根须犹如在空中飞舞，体态多姿。古人形容人参的根部"有头、足、手，面目如人"，"人参"这个名字即由此而来。

从植物历史学上看，中国的西南地区是人参属植物现代分布中心，也是本属植物最大的变异中心，因此很可能是本属的始生中心。由于第四纪冰川的打击，人参属植物的分布区域大大缩小。因此，幸存到现在的人参，如同其他同属植物一样，堪称古老植物的孑遗。

作为中国的特产植物，人参在古籍里的记载可谓史不绝书。我国历史上第一部药学专著，大约成书于汉代的《神农本草经》中就记述了人参的性味功效。到了明代，李时珍在《本草纲目》里则将人参列入草部山草类。他用洋洋万言，详细地

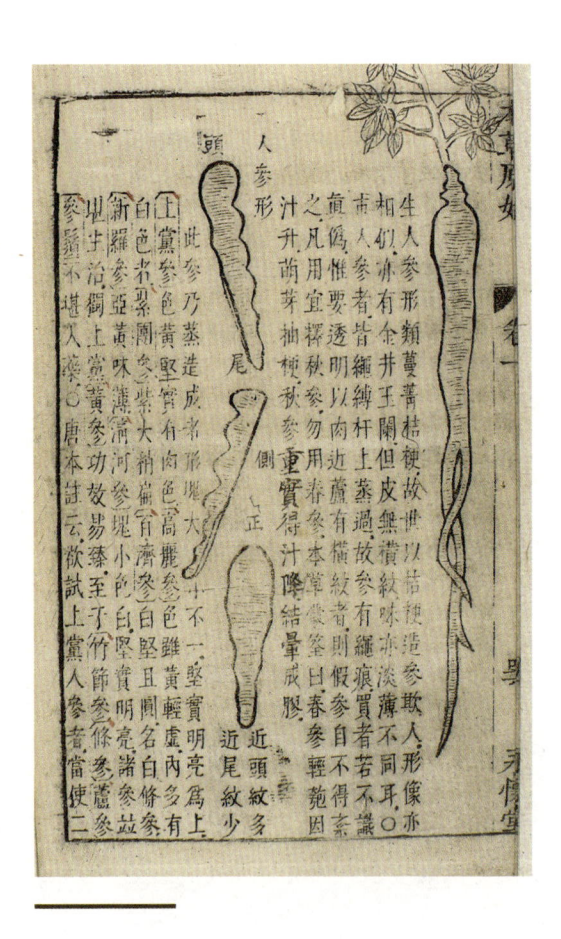

《本草原始》中关于人参的介绍。

论述了人参的植物形态、诸别名的含义、采收加工、炮制、临床应用等。

今天的人参主要产于东北长白山区及大兴安岭、小兴安岭一带。但古代情况可能并非如此。东汉许慎所著《说文解字》里面记载："参,山林切。人参,药草,出自上党。从草,浸声。"南朝宋刘敬叔撰《异苑》也说："人参,一名土精,生上党者佳。"陶弘景在《名医别录》中也有这样的记载："人参生上党及辽东。二月、四月、八月上旬采根,竹刀刮,曝干,无令见风。"《石勒别传》里也有记载："初,勒家园中生人参,葩茂甚盛。"勒,即是319年建后赵政权的羯人石勒。石勒年轻的时候家住上党武乡,即今山西省襄垣县西北,以贩卖人参为业。另外,唐代的志怪小说《广五行记》里也有一段有趣的故事,与上党的人参有关:"有人宅后每夜闻人呼声,代求之不得。去宅一里许,见人参枝叶异常,掘之入地五尺,得人参,一如人体,四肢皆备。呼声遂绝。"人参的别名"地精",就是由此而来。

以此看来,在东北(辽东)这一人们熟知的产地之外,古时的上党也出产人参。所谓"上党"是个古代地名,即今山西省长治市及长子、屯留、壶关、潞城、黎城、襄垣、平顺一带,按地理及山脉而言,属山西省东南部、太行山南端。至今当地还产一种"党参"(又名上党人参、黄参、狮头参、中灵草)。它虽然冠以"参"名,实际上与真正的人参风马牛不相及,是一种桔梗科多年生草本植物,花冠如广钟,黄绿色,蒴果成熟时黄褐色。由于这个原因,有意见就认为,古籍上关于"人参生上党"的记载实际上都是就党参而言。

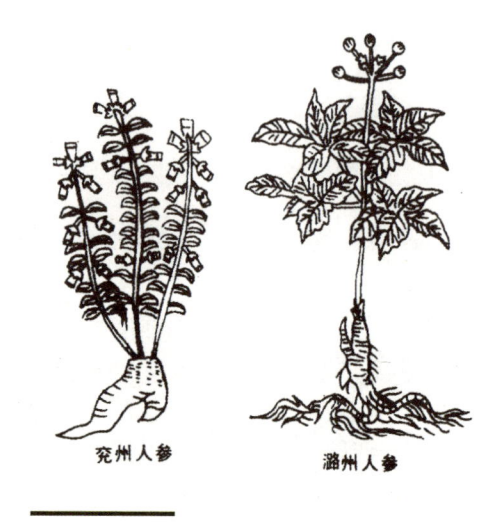

《图经本草》中的"潞州人参"。

但对此也有反对意见指出,在宋代《图经本草》中所绘的人参有四图,即潞州(即上党)人参、滁州人参、兖州人参和威胜军人参。滁州者乃沙参之苗叶,兖州者乃荠苨之苗叶,皆是桔梗科沙参属植物。这就如《本草纲目》载:"人参,伪者,皆以沙参、荠苨、桔梗采根造作乱之……"而《图经本草》中的潞州人参,三桠五叶,确是五加科真人参无疑。

若真是这样的话,古代诸多史籍记载的"人参生上党",就并非如今所说的党参了。太行山系,古代曾有繁茂的森林,许多从外域引进的植物都曾在此引种栽培，但后来由于扩大耕地，大兴土木，滥伐树木，破坏了生物生长的条件和环境，上党人参便因此失踪了。而从一些史籍记载里也可以看出上党人参逐渐消亡的过程。宋代本草学家寇宗奭在所著《本草衍义》中说："人参，今之用者，……形虚软而味薄，不若上党味厚体实矣。"可以看出当时所产的人参仍以上党人参为最佳，但是已经很难得到了。李时珍在《本草纲目》中也说："上党，今潞州也，民以人参为地方害，不复采取，今所用皆是辽参。"可见到明代，市面上的人参已基本产自东北地区。而清朝的黄宫绣在《本草求真》党参条中则清楚地记载："诸参惟上党为最美……近因辽参价贵，而世好奇居异，乃以山西太行山出之苗，乃防风、桔梗、荠苊伪造，相续混行……今人但见参贵，而即以此代人参，不亦大相径庭乎……附记以为世之粗工妄用党参戒。"从这条记载看，真正的上党人参灭绝之后，党参一词词义转移，张冠李戴用来指代另一种植物了。到了当代，人参在山西新绛县中条山引种栽培成功，这充分证明山西的气候条件可以满足人参生长的需要，也从侧面佐证了古时的上党人参与今天意义上的人参属同一物的看法。

东方神草

另一方面，汉元帝黄门令史游曾著有《急就章》一书（公元前33年），其中就载有药名"参"。这个字从"草"（义符）"浸"声（声符），"浸"除表声外，且兼表义，浸渐之意，即年深日久，浸渐长成的意思。这说明古人已经注意到人参有生长缓慢的特点。从现在的情况看，人参对生长条件的要求很严格，它适于生长在林间岩下腐殖土层深厚的地方，要求持水、排水良好，气温较低，最高不要超过30℃，每天要有3～5小时的弱光照射……野生者需几十年乃至百余年，才能长成入药。人参以体愈重而成人形者价愈高，但是这样的人参是很难得的，"相传康熙二年（1663年）得人形者一枝，重二十二两（687.5克），献于朝，后绝不得。"

野生人参生长区域有限，生长速度也十分缓慢，需要许多年的时间才能长成入药。我国是对人参野生变家种人工栽培人参最早的国家，距今400多年前的李时珍在《本草纲目》中记有："人参亦可收子，于十月下种，如种菜法。"明代的王象晋的《群芳谱》也记载："人参子熟时收取，于十月下种，一如种菜法。"说明在当时就有人栽培人参。到了清代，采参人为了获得较大的收益，起先将支头甚小的野山参移植到能促使其快速生长的环境中，经过一段时间培养成"移山参"；将得到的人参种子播种到模仿人参自然生长的条件下，使其生长繁殖。如此日积月累，长期总结成功经验，便较全面地掌握了人参的生长习性，形成所谓"园参"栽培技术。

明清时期，东北地区已是人参的主产区，谚云："吉林有三宝，人参、貂皮、乌拉草。"朝鲜半岛与中国东北接壤，自古以来便与中国保持了极为频繁的经济文化交流。清代中药学家赵学敏（1719—1805年）在《本草纲目拾遗》里记载，"又一种东洋参，出高丽、新罗一带山岛，与关东接壤。其参与辽参真相似，气亦同，但微薄耳。皮黄纹粗，中肉油紫。屠舞夫携来，予曾见之。据云性温平，索价十换，言产蓐服之最效，其力不让辽产也"。这就说明朝鲜半岛当时也出产人参（即高丽参）。由于中国市场对人参的庞大需求，高丽参也成为当时中朝朝贡贸易中的重要商品。据统计，1797—1840年，朝鲜王朝输入我国的人参数量达96090斤。庞大的人参出口额推动了高丽参种植业的发展，1844年，清人柏葰出使朝鲜时，便看到朝鲜参田"弥望皆是"。在朝鲜半岛的传统饮食文化里，高丽参的食用方法多种多样，可以研磨成粉末直接吞服，也可以泡酒、炖食、炸食等。最讲究的做法之一是将高丽参与小鸡、瘦肉等一起炖，既吸收了高丽参的营养物质，又消除了其浓重的苦味，使菜肴味道更佳。与此同时，人参在韩国人心中地位是其他任何中草药都不能比拟的，一直被视为"神赐之物"。当代的《大韩药典》等典籍里对人参的性味功效概括为：性温、味甘微苦，归脾、肺经。有大补元气、益脾补肺，生

参鸡汤是韩国最常见的人参做法。

津、安神、补气生血等功效,主治虚脱,脾虚脘痞,呕吐泄泻,虚喘,消渴,热病津伤,气血不足所致怔忡、失眠健忘等症。显而易见,这也与传统中医的认识一致。

至于与朝鲜半岛"一衣带水"的日本,并非人参的原产地。古代日本有关人参的最早记载见于739年。当时,占据今中国东北及朝鲜半岛北部的渤海政权使节为送还漂流到渤海的遣唐使赴日,向当时的圣武天皇赠送了30斤的人参。从此,人参也开始在日本入药。到了江户幕府时期(1603—1868年)中叶,在传统中医学(日本称为汉方医学)的影响下,日本也出现了一股人参热潮。对此,幕末的医师佐藤方定曾在其著作中提到:"(人参是)日本古来没有的东西,医师推举,本草浮说巧言示之,病家尊崇渴望,(因)从远方异域获取,其价格是金斤数倍,即使将死之人,亲族重疾也是必用。"

当时,日本人参主要从朝鲜半岛进口,在对朝鲜的人参贸易中,朝鲜因日本的银币成色太低提出异议,幕府为了保证人参的输入,还特制了"人参代往古银"交付朝鲜,这种银币的成色高于日本国内流通的银币。为了避免进口人参以及其他药材而造成白银等贵金属外流,幕府也开始了一系列栽培人参的尝试，直到德川吉宗（1684—1751年）统治时，得到朝鲜山参8株和种子60颗，引种取得成功，并在全国推广，被称为"御种人参"，成为日本产人参的起源。到20世纪后期，日本人参栽培主要分布于本州的长野、福岛、岛根三县及北海道4个产区。长野县产区有南佐久、北佐久及小县郡等40多个镇村栽培，所产人参名为信州人参；福岛县产区有大沼、北会津郡等20多个镇村栽培，取名会津人参；岛根县所产叫作云州人参；而北海道以上川郡为中心一带栽培，称为北海道人参。

值得一提的是，江户时代引种成功的日本人参主要用于国内消费，替代进口人参。明治维新之后，受西化风潮影响，日本国内的人参消费逐渐减少，生产的人参几乎全量出口。然而，由于西药在应用中暴露出种种问题，当代日本的汉方药又变得畅销起来，人参在日本国内销量随之激增，常用的含有人参的方剂有人参汤、四君子汤、补中益气汤、桂枝人参汤、小柴胡汤等。

闻名世界

总而言之，人参作为一种传统药材，在东亚地区有着广泛、悠久的药用历史，堪称包治百病的神药。我国的满语和赫哲语也将人参称作"沃尔霍大"，意即"百草之王。"由于人参原产中国的关系，在世界范围内，对人参的称呼基本来自汉语。譬如朝鲜（韩国）语里的"인삼（insam）"，日语里的"にんじん（ninjin）"乃至英语里的"ginseng"（来自闽南话）都是如此。但最有趣的则是人参的学名。1753年，瑞典的大植物分类学家林奈首次在西方对人参作了系统记述，并给它起了一个拉丁文名字"Panax"。这个词又是由两个古代希腊词汇组合而成：词头Pan是"完全"的意思；词尾ax源于Acoc，是"药材"的意思。合起来"Panax"就是"万能的药材"，这同中国古代对人参药效的评价是相当接近的。

这当然不是林奈与万里之外的中国人心有灵犀，而是中医西传的结果。早在17世纪初期，来华的葡萄牙人鲁德昭（Awarus de Semedo）就在《中华大帝国志》中第一次提到了中国的辽参。后来陆续来华的一些传教士也在自己的著作里记载了中国的人参。譬如传教士李明（Louis le Comte）在《中国近事报道》里也向欧洲人介绍了人参，并将其称作"在中国有另一类不如茶普及的，但却更为贵重的药草"。对于人参的药性，李明的描述是："在所有滋补药中，没有什么药能比得上人参在中国人心目中的地位。人参味甘讨人喜欢，虽有一点苦味，药效神奇，可清血、健胃，给脉弱增加动力。"

但最值得一提的是1701年来华的法国人杜德美（Petrus Joroux）。他曾奉康熙皇帝之命，前往辽东绘制大清王朝的地图。1709年7月底，杜德美的地图绘制队伍到达距离朝鲜边境仅4里远的一个村庄。村民到邻近的山林中挖了4株完整的人参，放在篮子里带回交给了杜德美，后者因此得以亲眼观察到人参的生长环境。

后来，在康熙五十年（1711年）从北京发往法国巴黎的一封信里，杜德美详细记录了自己在田野调查时发现："关于这种植物（指人参）生长的地区，在看到鞑靼地图上标明它们以前，我们大致可以说它们位于北纬39度与47度，东经10度与20度（以北京子午线为基准）之间，这里有绵延不绝的山脉，山上和四周的密林使人难以进入。人参就长在山坡上和密林中，溪涧旁、峭壁边、树下和杂草丛中皆可见踪迹。在平原、河谷、沼泽、溪涧底部及过于空旷的开阔地却见不到它。如果森林着火并被烧毁，这种植物要在火灾后三四年才能重新生长。"在信中，杜德美还画下了他所收到的人参图谱，详细地描述了人参的各部位的细节。除了准确地绘制叶子外，他还发现人参这种植物是一岁一枯荣的，因此，人们可以根据它的茎的数量来判定生长年份。不仅如此，他还相当相信人参的疗效。在信中，杜德美认为，人参不仅能活血化瘀，增加热量，

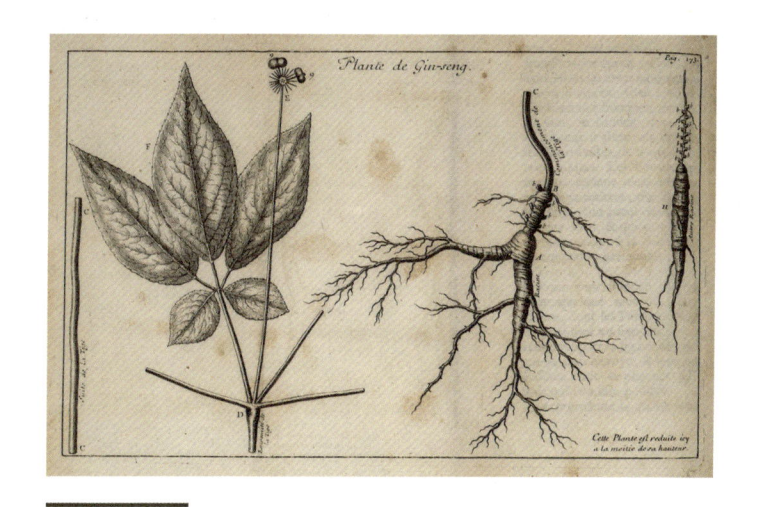

杜德美绘制的在中国观察到的人参。

帮助消化，而且有滋补强身的作用。他替自己量脉搏，然后服用半支未曾加工的生人参，1小时之后，他感觉脉搏跳的比以前还要饱满有力，胃口随之大开，浑身充满活力。

杜德美的记录，可以说是西方人第一次对人参的外形与功用做出的详细记载。他的信到达巴黎后，立刻引起另一位传教士拉菲托（Joseph-Francois Lafitau）的重视。由于杜德美根据人参的产地环境猜测，"若世界上还有某个国家生长此种植物，这个国家恐怕主要是加拿大"。拉菲托阅读了杜德美的信后便按图索骥，经过艰苦的寻找，在当地印第安人的帮助下，终于真的在加拿大魁北克地区也找到了与人参外部形态相似的植物，即同属人参属的另一个物种，西洋参（Panax quinquefolius L.）。西洋参的发现让欧洲人十分惊喜，就连林奈也对人参进行过研究，并曾试种，最终确定了人参"万能药材"的学名。

至于1785年在巴黎出版的百科全书式的欧洲汉学名著《中国通典》，可以说是集合了此前传教士汉学研究的认识成果。书中专辟一章集中讨论中国的植物药学，从植物特性、生长环境、优质产地及服用禁忌等几方面对知名草药做了专门介绍。其中，对人参的观察与描述最为详细，包括形态特征、生长环境、分布范围、采摘规定、市场售价等几个方面。另外，还简单列举了人参的药用价值，包括消除疲劳、恢复体力、提神醒脑、延年益寿等。《中国通典》甚至评价人参是中国药用植物中最为珍贵和稀有的"植物皇后"。

由于这些介绍，欧美各国都对人参产生了浓厚兴趣。19世纪以来，法、英、俄、德和美国等国家都试图引种中国辽参，并对其进行了各种科学研究。现代医药研究进一步证明，人参中含有的主要有效成分为人参皂苷（Ginsenoside），同时也含有人参多糖、人参蛋白质、人参挥发油、氨基酸、木质素及多种维生素和微量元素等其他营养成分。如今，以2020年为例，全球106个国家和地区有参类贸易，遍布全球各大洲。作为人参第一大生产国，产量占全球70%的中国，人参已出口到日本、德国、意大利、马来西亚、法国、新加坡、西班牙和美国等地。由此可见，人参这种"百草之王"已是一种在世界范围内广泛使用的高档滋补药品了。

第六章

装点风雅

花栽于园而飘香墙外：
从中国走向世界的杜鹃花

"九江三月杜鹃来，一声催得一枝开。"每到杜鹃鸟在春天飞来的日子，便到了杜鹃花绽放的时节。杜鹃花是中国传统的春季观赏花卉，它不仅深得国人的喜爱，而且早在19世纪，就已引来了欧美"植物猎人"们的觊觎……

杜鹃国度

所谓"杜鹃花"是杜鹃花科杜鹃花属植物的统称，这是一个"花"丁兴旺的大家族。在植物分类学里，杜鹃花科（Ericaceae）是一个包含125属约4000种的庞大家族，其中甚至包括人们经常食用的蓝莓。而杜鹃花属（Rhododendron L.）又是这个科里种类最多、最富特性的一个大属。在世界范围内，杜鹃花属植物分布很广。北到美国阿拉斯加和格陵兰东部约北纬65°的北极区内,南到大洋洲(澳大利亚)的昆士兰(约南纬20°),都可以见到它们的身影。在各大洲之中,唯有非洲和南美洲尚未发现野生杜鹃花。

1938年,英国杜鹃花协会出版《杜鹃花种类》一书,汇集了已发现的杜鹃花850余种,此后,中外学者对杜鹃花属的资源、分布及分类研究一直没有中断。据统计,目前世界上已知的野生杜鹃花原种及其变种超过1100种。而我国就拥有近600种,超过世界全部种类的半数,其中特产于中国的杜鹃花就超过了400种。此外,常绿乔灌木型杜鹃花绝大多数也原产于中国。毫不夸张地说,中国是世界杜鹃花资源最丰富的地区,是名副其实的"杜鹃国度"。

具体而言,目前除新疆和宁夏尚未发现野生杜鹃花的踪迹之外,其他省区均有天然分布。不过,在江南一带丘陵地区,杜鹃花虽说十分常见,但种类不多,大抵是以映山红、满山红为主。反观云南一省,就拥有超过200种野生杜鹃花,以绝对优势在国内杜鹃花界拔得头筹。实际上,我国的杜鹃花种类主要集中于云南西北部、西藏东南部和四川西南部这一狭窄的三角地带。其数共有400多种,占我国全部种类的近80%。

根据古环境、古地理、古生物等研究资料，横断山脉一带不仅是杜鹃花的多样化中心，也最有可能是杜鹃花属植物的起源地。

杜鹃花的垂直分布幅度同样很大，从海拔几百米的平原地区，到海拔 5000 多米的高寒山区都有分布。既有高大的乔木杜鹃，也有株型紧凑密实的灌木杜鹃，还有在地上平卧生长的匍匐杜鹃和密枝杜鹃。

可以说，世界上没有一属植物能像杜鹃花有这么多种多样的形态变化。最高的大树（乔木）杜鹃超过 20 米，最小的匍匐杜鹃则是只有十几厘米高的小灌木。多变的树姿，使得杜鹃既有高大挺拔的雄伟气势，又有浓密丰满、低矮纤巧的秀丽形象。至于杜鹃花丰富的色彩简直难以用语言来描述。杜鹃花以红色最为常见，如著名的"映山红"便以红得像火而得名。仅从其名称就可以想象出它们在山野盛开时如火如荼的壮丽情景。红色系的杜鹃花既有大红、朱红、紫红，也有粉红、玫红及其中间渐变色。除了红色，还有白色、橙色、金黄、浅青、淡绿及其渐变色等颜色。鲜黄杜鹃的花鲜艳夺目，大白花杜鹃的花则洁白如玉。

云南香格里拉的杜鹃花海。

　　在盛开时节，色彩斑斓的杜鹃花镶嵌在山峦的碧绿丛中，分外妖娆，美不胜收。因此，生活在云南一带的彝族民众每逢传统的插花节（农历二月初八），方圆数百里的男女老少都会身穿盛装，上山采花。他们将殷红的马缨杜鹃花插在田边井旁，插在马头、牛羊角上、门头以及各种用具上，祈求五谷丰登，六畜兴旺。人们在自己的头上、胸前也插满杜鹃花，载歌载舞，狂欢不止。

与此同时，历代文人墨客提及杜鹃花的诗句也可谓史不绝书。唐代的大诗人白居易对杜鹃花情有独钟，他将杜鹃花比作古代美女："花中此物是西施，芙蓉芍药皆嫫母。""回看桃李都无色，映得芙蓉不是花。"白居易甚至推荐杜鹃为百花之王，"好差青鸟使，封作百花王"，这对于当时崇尚牡丹的世风是一种鲜明的挑战。

白居易不但竭力推崇杜鹃花，还身体力行将杜鹃花从山上掘苗移栽于庭园。一开始的尝试失败了，白居易因杜鹃花未能成活而叹曰："争奈结根深石底，无因移得到人家。"到了820年，诗人终于将杜鹃花移栽成活，喜不自胜，遂在《喜山石榴花开（去年自庐山移来）》里写道："忠州州里今日花，庐山山头去时树。已怜根损斩新栽，还喜花开依旧数。"有趣的是，这首诗也可以证明，中国人对杜鹃花的人工栽培，至迟在唐代也已经成功了。

唐代之后，人们对杜鹃花的赏识不减。宋代的王十朋（1112—1171年）也曾移植杜鹃花于庭院，并感慨："造物私我小园林，此花大胜金腰带。"杨万里也有咏杜鹃花诗："何须名苑看春风，一路山花不负侬。日日锦江呈锦样，清溪倒照映山红。"明代著名地理学家徐霞客走南闯北,可称是见多识广,他在登天台(属浙江)抵松门岭时,虽然山峻路滑,劳累不堪,但见到满山盛开的杜鹃花,仍旧兴奋异常,甚至在日记中写道:"翠丛中山鹃映发,令人攀历忘苦。"至于姑苏四大才子之一文徵明的曾孙文震亨(1585—1645年)则在所编《长物志》里指出:"杜鹃,花极烂漫,性喜阴畏热,宜置树下阴处。花时,移置几案间。"可见,当时已经有了盆栽杜鹃的经验之谈。

初入英伦

由于地理接近的关系,中国的杜鹃花很早就传播到了邻近的一些东亚国家。比如,日本本身也有杜鹃花出产,而遣唐使们又将中国的白花杜鹃引入本国,并在寺庙中栽植。著名的古都奈良的一些寺院中就种有杜鹃花。到了17世纪,日本的杜鹃花栽培已相当盛行。1692年,一个叫伊藤兵卫的人就在《锦绣枕》中记载了"皋月杜鹃"品种162个,"石岩杜鹃"品种20个。

反过来说，也正是因为地理相距遥远的原因，中国的杜鹃花传到欧亚大陆的另一端是相当晚近的事情。欧洲原产的杜鹃花只有寥寥数种，因此欧洲人在历史上对杜鹃花并不十分熟悉。近代瑞典博物学家林奈是生物分类学科的奠基人。可是这样一个大名鼎鼎的人物，在其于1753年发表的《植物种志》一书中给杜鹃花分类的时候，却将其错归为两个属（常绿类杜鹃花与落叶类杜鹃花）。后人在实践中将其合并，所以才有了现今的"杜鹃花属"。有意思的是，杜鹃花属的拉丁文名称（Rhododendron）来自希腊语的"rhodon"（玫瑰花）和"dendron"（树木），也就是"玫瑰树"的意思。可以想见，即便对杜鹃花的了解不深，其鲜艳的色彩还是给欧洲人留下了强烈的印象。

甚至偏处西欧一隅的英国人也逐渐发现了杜鹃花的价值。英国的花园大都以具有丰富的花境景观而著称。可是大多数花境植物花期始于初夏，春天只是它们蓬勃生长孕育花蕾的季节，加上大面积疏林草地，满目郁郁葱葱的绿色是这个季节的基调。要是有杜鹃花存在的话，高大常绿的杜鹃花种类因其开花的壮丽景象和丰富多彩的花色，瞬间便会成为视觉焦点。当地虽也有玉兰、丁香之类开花小乔木，但其花朵的体量和色彩的艳丽程度远不及杜鹃。由于英伦三岛原本是杜鹃花分布的空白地带，英国的植物工作者很早就致力于收集引种外国品种，以弥补本国杜鹃花资源的不足。

早在1656年，英国人就从瑞士北部的阿尔卑斯山引进了硬毛杜鹃花，1734年从北美引进了灰杜鹃花、裸花杜鹃花和沼生杜鹃花。1736年又从北美引进极大杜鹃花，并从西班牙南部的一个港口引进长序杜鹃花。后者是一种开着淡紫色花朵的漂亮灌木，在英国适应性极强，不需要什么人工帮助都能生长，有时几乎成为灾害，但它作为优良的嫁接砧木，后来对英国杜鹃花的发展做出了巨大贡献。

由于当时条件的限制，植物采集者能涉足的地区和采集的数量有限，因此杜鹃花种类的增加速度缓慢。进入19世纪时，人们在英国园林中见到的杜鹃花仍旧仅有12种。可以说，引种杜鹃花的洪流始于1811年。这一年春天，树形杜鹃花在英国的园林中绽放出了极为艳丽的花朵。这是一种原产于喜马拉雅山区的高大乔木，在印度（当时是英国殖民地）的自然分布区，树高可达25米以上。早春时节，当高山上还是一片皑皑白雪时，树形杜鹃花便开出深红、鲜红、紫红、粉红等色彩富于变化的花朵。这种来自亚洲的杜鹃花令以往只见识过欧美杜鹃花的英国园丁们大开眼界，也让英国人的目光开始转向东方。

1847—1851年，出生于植物学世家的英国人约瑟夫·虎克(Joseph Hooker)对印度东北部、不丹、尼泊尔等地进行了考察。在当时的交通条件下，这趟旅行绝不轻松。虎克必须由数十名当地人陪同，充当他的搬运工、物资收集人员以及保卫人员。这一行人越过高山，跨过深谷，经常不得不走上摇摇欲坠的桥梁，以跨越水流湍急的河流。然而，虎克认为收集植物的机会值得如此冒险——喜马拉雅山区丰富的杜鹃花资源深深吸引了他。单是在去往锡金的路上，他就发现了3种杜鹃花，其中包括长药杜鹃花。虎克形容道："(它)寄生于一棵巨木之上，达2.7米之高，分支丛生，盘绕而上，3～6朵巨大的白色花朵点缀在分枝顶端，芳香馥郁，沁人心脾。"在他看来，那是"你所能想见的最美之物"。

在4年的考察期间，虎克一共采集了6万多份植物标本，其中有许多杜鹃花新种的模式标本。尽管"仅仅是杜鹃的种子和幼苗就可以卖1500英镑",但虎克并不是一个利欲熏心的植物猎人。作为严肃的植物学者,后来他在《锡金-喜马拉雅山地区的杜鹃花属植物》一书里展示了自己在亚洲之行中见到的43种杜鹃花,震动了欧洲植物学界。虎克曾在信中描述了在野外看到这些植物的景象:"杜鹃花绚丽壮观,变幻多端,仅在这座山上即有十种之多:鲜红、暗红、雪白、淡紫、鹅黄、淡粉,色彩缤纷,竞相绽放,漫山遍野,熠熠生辉。"

约瑟夫·虎克在喜马拉雅山区绘制的杜鹃花。《锡金-喜马拉雅山地区的杜鹃花属植物》

竞逐宝藏

虎克的巨大收获引起欧美各国植物学家的瞩目。从此，中国西南地区高山常绿杜鹃成为欧美各国植物学家竞相追求的宝藏，他们多次以商人、传教士、旅行者、官员的身份，来中国搜集杜鹃花标本和种苗。

实际上，在虎克之前，已经有人捷足先登了。1843年，英国人罗伯特·福琼（Robert Fortune）开始了他的中国之旅，到1861年为止，他一共4次到中国。福琼是个什么样的人呢？他受过严格的园艺培训，在爱丁堡皇家植物园供职过两年半，这说明他的确是个称职的植物学家和园艺学家。对于当时的英国人来说，汉语相当艰涩难学，但他还是学会了一些汉语，这足以说明他是个天资聪慧的人；他能够乔装打扮，深入清政府禁止外国人出入的区域（通商口岸城市之外），说明他个性相当狡猾；而福琼在几次田野考察中从盗贼、强盗手中生还，则意味着他的运气也不错……

由于清政府的闭关锁国政策，在鸦片战争（1840—1842

年）之前，进入西方的中国植物种类寥寥。福琼中国之行的主要任务就包括了寻找独特的杜鹃花。在4次考察中，福琼在中国发现了约300多个植物新种，运回英国20箱引种材料，其中就有大量的杜鹃花种子。云锦杜鹃的"发现"，就是他为西方园林做出的重大贡献之一。云锦杜鹃漏斗状、可爱芳香的花朵生成松散的花束，于每年5月在枝头绽放。由于英国的气候、土壤条件与中国西南地区相似，这种原产于中国东南部较高海拔山地的杜鹃花，后来不仅在英国普遍栽植，而且以其为亲本杂交产生的子孙后代几乎处处可见。为了表彰罗伯特·福琼的"贡献"，1855年，云锦杜鹃的拉丁文学名（Rhododendron fortunei）也以他的名字命名。

继福琼之后，形形色色的欧洲人都加入了前往中国西部"淘宝"的行列。比如，法国传教士，同时也是一位训练有素的博物学家的阿曼德·戴维（Armand David）曾在近40年中数次来华，共采得数以万计的标本，包括约3000种植物，其中新种300多个，新属9个。他最著名的成果是在1869年"发现"了大熊猫与珙桐，产于四川西部的腺果杜鹃也是由他引入欧洲的。戴维的同胞德拉瓦伊（Delavay）也打着传教的幌子，在云南省会昆明白龙潭设天主教堂作为立足点，至大理、丽江一带采集大量植物标本。露珠杜鹃、马缨杜鹃、腋花杜鹃等都是由他运回巴黎，再转运英国。

19世纪晚期，英国人奥古斯丁·亨利（Augustine Henry）则把野外植物考察当作自己的业余爱好，但他做的比许多专业人士都出色。毛肋杜鹃就是由他发现并引种到英国的。这种杜鹃花因具有罕见的蓝紫色花朵而备受西方园丁们的喜爱，并以它作为亲本培育了大量的杂交后代。

话说回来，尽管这几种中国杜鹃花已在当时的英国园林中初现风采，但当20世纪来临时，在英国植物园中引种栽培的杜鹃花总共只有25种，还不到当时已被植物分类学家描述的300种杜鹃花的1/10。真正为西方植物园大规模引种中国杜鹃花开创先河的是英国人亨利·威尔逊（Ernest Henry Wilson）。

与上面所说的这些人不太一样，威尔逊是不折不扣的"为钱而来"。近代西方的植物采集一直不是纯粹的植物学研究，而是为了满足市场上日益增长的对园艺及观赏类植物的需求。园艺商人看到了中国植物里的发财机会，于是花费不多的钱，聘请威尔逊这样的底层青年来冒险——他是英国不知名的小镇上一个铁路工人家庭的长子，兄妹6人，为承担家庭责任，他13岁辍学打工，刚开始时，他在私人苗圃公司当学徒，16岁时进入伯明翰植物园，21岁时进入著名的英国皇家植物园做园丁。

1899年，受一个英国园艺园派遣，23岁的威尔逊首次来华。到辛亥革命前夕的1910年，威尔逊5次来华，其足迹遍布今天的四川、重庆、云南、湖北等地，尤其在四川、重庆域内持续时间最长。由于他长年在中国活动，在英国博物界享有"中国威尔逊"的绰号。在华期间，他采集了4700多种植物、65000多份标本、1593种植物种子和168份植物切片带回西方，真正向世界打开了中国西部花园之门。

盛开的中国杜鹃花深深迷住了他。威尔逊曾经这样记载道："在杜鹃盛开的季节行走在中国西部的山中，那将是一场盖世的美丽盛筵。"而在四川盆地西沿的瓦屋山，威尔逊看到杜鹃花时惊喜地称赞："我所见到的绿色植物里，无以与之相媲美！"包括芒刺杜鹃、耳叶杜鹃等名贵种类在内的许多种中国杜鹃花都经由亨利·威尔逊之手传到了英国。隶属于苏格兰爱丁堡皇家植物园(世界五大植物园之一)的道威克(Dawyck)植物园里大部分较大型的杜鹃花种类,便来自威尔逊从川西收集的种子。它们被种植在河岸,不远处就是道威克植物园的地标"荷兰桥"。

道威克植物园的杜鹃花。

云南之旅

相比涉猎颇广的威尔逊,另一位植物猎人乔治·福雷斯特(George Forrest,汉文名傅礼士)则专精于杜鹃花。此人早年在药剂店当过学徒。由于这段经历,福雷斯特很早就了解了许多植物的药用价值,也懂得如何干燥、分类和制作植物标本(这在后来被证明是极有用的技能)。1902年后,经人介绍,福雷斯特来到爱丁堡皇家植物园工作,担任植物标本室助理。他对野生花卉和标本收集非常感兴趣,在随后的两年时间里,他学习了植物方面的知识。

当时,法国"传教士们"在云南采集的众多动植物标本引起了英国人的眼红,爱丁堡皇家植物园也准备派人前往云南考察。福雷斯特当然是个恰当人选。1904年,他前往中国,开始了自己长达28年的植物考察生涯。他曾先后7次到云南各地考察,在野外工作和生活的欲望一直保持到1932年1月5日为止。这一天,福雷斯特死于最后一次的植物探险途中,遗体被安葬在云南古城腾越郊外的来凤山下。

1905年8月,福雷斯特在大理。

实际上,福雷斯特来华的主要目的之一,就是采集杜鹃花。他的第4次行程和之后的几次行程都是由英国杜鹃花协会赞助的。后来的主要资助者威廉(John Charles Williams)还和他商定,每引进一个新种杜鹃花(需经专家鉴定),就给予一定的奖金。

福雷斯特倒也不辱使命。他的足迹几乎遍及中国西南地区,为西方植物研究机构采集了3万多份干制标本,也为西方园林界收集了 1000 多种活植物，其中最重要就是大量的杜鹃花。他以丽江为大本营，腾冲为转运站，将杜鹃花等植物标本、种子，从缅甸转运到英国。

在 1910 年的第二次考察中，福雷斯特主要活动在滇西北的丽江玉龙雪山和中甸哈巴雪山，所采获的植物标本种类丰富，他在此得到了许多杜鹃花科新物种。在 1913 年的第 3 次考察中，福雷斯特记录了一个奇特现象，反驳了传统的权威言论："国内的杜鹃花属权威人士认为杜鹃花属植物根本不可能在石灰岩上生长。我真希望现在能让他们都到这里来！来看看纸叶杜鹃和它的变型，数英里的花海，以及纯石灰石上的各种植物，它们很多都生长在裸露的岩石上。"

而在 1921—1923 年的第 5 次考察中，福雷斯特又在萨尔温江—独龙江分水岭见到了色彩缤纷的各种杜鹃花属植物，如色彩变化最丰富的杂色杜鹃，有深红色底白点、淡红紫色、纯白色、浅黄色、黄色边缘夹玫瑰红等多种色彩。随着他向西北方向继续行进，杜鹃花的种类变得越来越丰富，品种也越来越优良。于是，福雷斯特得出了这样的结论：在西藏某个较高的地方（离此分水岭北面不远处）有一个山谷，那里才是杜鹃花属植物真正的发源地……

为了获取杜鹃花，福雷斯特是颇有些不择手段的。在其第4次来华考察期间（1917年1月—1920年3月），福雷斯特在云南腾冲以北高黎贡山原始森林里发现了世界上已知的最高、最大的大树杜鹃之后，竟然不顾一切让人把这棵大树拦腰截断，锯下其中的一段树干，偷偷带回英国……

这样做的结果，是福雷斯特使自己成为世界上采集杜鹃花标本和发现杜鹃花新种最多的人。据统计，他总共发现309种杜鹃花，其中又有250多个新品种。紫背杜鹃（Rhododendron forrestii）就以他的名字命名。该种杜鹃花的花冠为深红色，产于云南西北部、西藏东南部海拔3300～4100米的高山上。

如今，昔日由福雷斯特"发现"的这些新种的模式标本藏于英国爱丁堡皇家植物园标本室，其中产地在德钦的有绢毛杜鹃、橙黄杜鹃、美艳杜鹃、长柄杂色杜鹃、薄毛杜鹃等种类；产地在中甸的有麻点杜鹃、锈红杜鹃、灰背杜鹃、卷叶杜鹃等种类；产地在维西的有灌丛杜鹃、大芽杜鹃、紫蓝杜鹃、维西鲜红杜鹃等种类。许多福雷斯特当年从中国西南引进的杜鹃花，已在爱丁堡皇家植物园中生活了一个世纪左右。

在英国出版的《杜鹃花种志》(1930)里，共记载了1193种杜鹃花。尽管其中也有少数是新几内亚岛与东南亚各地出产的杜鹃花，但主要来自中国。这本书的序言里写道："过去25年中，杜鹃花属猛然增加了大量的种，并引起了园艺家的兴趣，所增加的种类，大部分来自中国西部。"中国大部分的杜鹃花学名，都是在那个时候由西方的植物学家们订定的，并得到国际上的公认。这当然离不开乔治·福雷斯特数次考察的成果——正是他所获得的杜鹃花品种的模式标本成为英国学者从事杜鹃花分类、区系等领域研究的重要材料和依据。也正是在《杜鹃花种志》出版的这一年，英国园艺协会特意送给福雷斯特一个杜鹃花银杯，其意实在是不言自明的。

寰球花香

这支争先恐后前往中国的植物猎人的队伍，形如"多国部队"。美国人金登-沃德(Frank Kingdon-Ward)就是其中的另一位代表人物。此人在1911到1935年期间8次来到中国，几乎以一己之力采集了大量标本、种子与苗木。金登－沃德涉足的地区包括云西北部和西藏东部。在这个盛产杜鹃花的宝地，产于西藏东南部海拔3000米山林中的朱砂杜鹃和毛喉杜鹃，都是他踏雪采回而引种成功的。

继金登－沃德之后，在1914至1918年，奥地利植物学家汉德尔·麦席迪也前往中国的江西、湖南、贵州、四川、云南采集植物标本。后来他编有《中国植物纪要》一书，书中记录了100种杜鹃花，其中有8个新种和1个变种。1922年，约瑟夫·洛克（Joseph Rock）也受美国农业部派遣来华进行农业项目考察，到达云南。从1922年到1949年，洛克的绝大部分时间是在中国度过的，就此与中国西南的植物及民族文化结下了不解之缘。他先后为美国农业部和阿诺德树木园采集植物标本，引种活植物。其中仅引种的杜鹃花就有250多种。

此外，如德国、瑞士、瑞典、日本等国，都曾派人来我国采集杜鹃花种子和标本，有些国家又从欧美转引中国杜鹃花种。比如，澳大利亚的国家杜鹃花公园拥有的400余种杜鹃花，就是从英国转引去的。这也就意味着，中国的杜鹃花在不知不觉中已流传世界各地。不少国家利用这些来自我国的野生种质资源培育了众多观赏价值胜于野生种质的优良杂交品种和园艺栽培品种。其中的一些西欧国家，凭借适宜杜鹃花生长的自然条件，加上先进的科学方法和技术设备，已俨然成为"杜鹃花大国"。早在20世纪80至90年代，德国全年生产杜鹃花约2400万盆，荷兰更是每年有8000万株杜鹃花苗销往世界各地，形成了一项获利可观的产业。

至于派出过众多植物猎人的英国，更是其中的"佼佼者"。按照我国当代植物学家冯国楣（1917—2007年）旅英归来后的说法："英国没有一个庭园不种杜鹃花。国家的、私人的花园栽培杜鹃花不是一两亩而是几公顷到十几公顷。"光是爱丁堡皇家植物园迄今就已经引种栽培了大约500种杜鹃花，是世界上保存杜鹃花属活植物最多的一个植物园，其藏品也组成了世界上最丰富的杜鹃花组合。不仅如此，有赖于早年威尔逊、福雷斯特等人从中国采回的大量杜鹃花标本和种子，爱丁堡皇家植物园还确立了自身"世界杜鹃花研究中心"的地位，因引种栽培和研究（中国）杜鹃花的贡献而享誉世界。这实在是可以称为"珠产于海而腾贵异乡，花栽于园而飘香墙外"了。

  尽管如此，如今已在全球盛开的杜鹃花，它的根终究是在中国。就像那位著名的植物猎人亨利·威尔逊回到英国后在1913年出版的《一个博物学家在华西》(1929年重版时易名为《中国，园林之母》)一书里坦率承认的那样："我们庭园中的映山红和其他20余种受人喜爱的植物最初都是通过各种途径从中国庭园引种的。的确，我们使这些种类得到进一步的改进，几乎改变了原来的面貌，现在中国要从我们这儿得到新的变型和变种，然而如果没有这些原始材料，我们今日之庭园和温室会是如何的贫乏。"

菊花："花中君子"的世界之旅

菊花是中国传统名花之一，素来有"花中君子"之称。到了今天，菊花更是世界闻名，是全球四大切花之一和世界总产值名列前茅的花卉。这也成为中国这个园林王国造福全人类的又一个例证。

此花开后更无花

"秋丛绕舍似陶家，遍绕篱边日渐斜。不是花中偏爱菊，此花开尽更无花。"这就是唐代诗人元稹（779—831年）所写的《菊花》。其中的"此花开尽更无花"一句，更是道出了古人眼中菊花的一大特点：它在秋天众花寂寥之时盛开，而且花期长达一个月以上，待到花谢已时值冬令，没有别的花卉开花。不过，如今全世界菊花品种有20000～30000个，其中，中国就有1/10。中国不但有自然花期在10月至11月的秋菊，也有开花期为 4 月下旬至 9 月的夏菊,在 12 月下旬至 2 月下旬间开花的寒菊,乃至一年中只要温度适合,就可持续开放的四季菊。尽管如此,菊花仍是国人心目中代表秋天时令的花卉之一。

菊花就颜色而论,除了蓝色和真正的黑色外,其他各颜色应有尽有:黄、白、紫、红、粉红、橙、雪青、褐及以上的乔色、间色等,是世界上花色最为复杂的一种花卉。但有趣的是,人们以为的"一朵菊花"其实并不是一朵花,而是一个顶生的头状花序,它由几十上百朵小花组成,密集在一个扁圆形的花托上,被人们以为是一片花瓣的,反倒才是真正的一朵花。在花序中间的小花,花冠呈筒状,被称为"筒状花"或"心花";在花序边缘的小花,花冠像舌状,称为"舌状花"。这两种花分工极为明确,周围的舌状花负责吸引昆虫,中央的筒状花专司繁殖,达到成功繁殖的目的。

这样的精巧构造,当然是自然选择的结果。菊科植物通过筒状花与舌状花的分工协作,便能最大程度地有效利用资源(虫媒异花传粉),投入到生产种子这件大事上去了。所以,尽管菊科植物很少成为森林树种,也很少水生,却依然成为当今被子植物中属种数量最多（其总数竟多达 4 万余种）且广布全世界的第一大科。因此，菊科也被看作是最为进化的一类植物。

在这个庞大的菊科家族里，菊花属于菊科菊属植物。菊属共约 30 个种，在我国分布的有 17 个。现在，我们仍然能在河南、湖北、江西等地找到野生的毛华菊和野菊。原始菊花即通过这些野生种之间的天然杂交，再经人工栽培选育，不断改进而成。由于其野生亲缘种均分布在中国境内，菊花无疑也是由中国的古人培育而来的。这一点已为全世界所公认。

与其他一些植物一样，菊花先由野生成为一种食材，之后才引入庭院进行观赏。有关菊花的最早文字记录可以追溯到《周礼》中的"鸿雁来宾，爵入大水为蛤，鞠有黄华"，"鞠"就是指代开黄色花的小菊。到了战国时期，屈原在《楚辞·离骚》中有"朝饮木兰之坠露兮，夕餐秋菊之落英"之句，说明当时已将菊花作为一种食物。而叙述了许多汉代轶事的《西京杂记》里也有记载，"菊花舒时，并采茎叶，杂黍米酿之，至来年九月九日始熟，就饮焉。故谓之菊花酒"。这就说明古人很早就意识到了菊花的食用和药用价值。

到了东晋时期，陶渊明的著名诗句"采菊东篱下，悠然见南山"标志着菊花从药用和食用阶段进入观赏阶段，其时距今已有1600多年。陶渊明其人爱菊成癖，周敦颐在《爱莲说》中的一句"晋陶渊明独爱菊"，就是说明他的这一爱好。受陶渊明的影响，这一时期的文人雅士们赏菊、咏菊、画菊、艺菊蔚然成风。唐代以后，栽培菊花得到繁荣发展，新品种不断涌现。宋代的刘蒙写成了世界上第一部艺菊专著《菊谱》，全书共记载菊花品种36个，到了南宋末年，我国育成的菊花品种至少有160个；明代随着栽培技术水平的提高，菊花品种更加丰富，王象晋的《群芳谱》记有菊花多达274种。进入明清以后，中国菊花育种技术得到极大的发展，菊花品种日益繁盛，出现了很多菊花名贵品种，如"黄鹤楼""赛西施""卷帘西风"等，"卷帘西风"一词正是来源于著名词人李清照的那句"卷帘西风，人比黄花瘦"。直到今天，中国许多地方还保留着在秋季举办菊展的传统。一年一度的菊花展览向人们展示了菊花极高的观赏性，从菊花的自然种类到栽培种类，从地被菊、盆栽菊到造型菊，从独本菊、案头菊到悬崖菊、塔菊、大立菊等，将菊花的曼妙姿态展现得淋漓尽致。

东方菊文化

菊花进入古代中国人的视野之后,从菊花的栽培、食用、药用、观赏到菊花的习俗、象征等各方面逐渐形成了菊文化。首先,菊花以其风韵、馨香飨食人类,其食用、药用等实用价值融入人们的日常生活之中;其次,菊花融入重阳节等民俗文化之中,赋予其民俗含义;最后,菊花成为文人雅士歌咏的对象和自身人格的象征,菊花的君子人格与中国传统的道德伦理观念结合在一起。历代咏菊诗篇中,菊花大都被定位为不从流俗、不媚世好、卓然独立的君子品格象征。如宋代的陆游有诗云:"菊花如端人,独立凌冰霜……高情守幽贞,大节凛介刚。"梅尧臣在《残菊》诗中咏道:"深丛隐孤秀,犹得奉清觞。"而苏轼在《赠刘景文》里写道:"荷尽已无擎雨盖,菊残犹有傲霜枝。"此类以歌颂菊花来表达人格追求的诗歌不胜枚举。

随着中外人员、文化的往来交通,菊花及其文化也传入了周边一些国家。譬如盛唐时期,新罗(在今朝鲜半岛)诗人崔致远曾来到中国学习并中了进士，他就写有《和顾云侍御重阳咏菊》等咏菊诗歌，描述重阳节饮菊花酒、赏菊花等活动。可以想见，中国菊文化随着崔致远（884年归国）的诗歌传入朝鲜半岛。尤其是菊花栽培、菊花酒、菊花茶以及重阳节习俗，都被当地文化吸收。而且，据宋代刘蒙《菊谱》载："新罗菊，一名玉梅，一名陆菊。"可见当时中土也有从新罗传入的特殊种类的菊花，这也说明新罗时期朝鲜半岛已经开始栽培菊花了。与中国一样，菊花在今天的韩国文化里也扮演着重要角色。菊花的药用价值在韩国备受重视，并作为传统饮食和中药的重要成分保留至今。受儒家思想的影响，菊花的君子象征也被韩国社会广泛接受，文人常引菊花入诗或入画来赞颂忠臣良民的君子之德。

朝鲜半岛与日本列岛一衣带水。有人因此认为，菊花经朝鲜半岛传入古代日本，但据日本学者丹羽鼎三考证，日本菊花乃是在我国唐代，即日本奈良时代（710—784年）由中国随大批唐代文物一起直接传入日本列岛的。

伴随着菊花的传入，中国的菊文化也传播到了日本，并逐渐发展成为了具有日本特色的风俗习惯。譬如，中世以后，菊花盆栽成为日本和式园艺的核心，除了赏菊会，日本还盛行"竞菊"，即由两队人马各持盆菊亮相，分别配上应题和歌，最后竞出优劣胜负。到了江户时代（1603—1867年），园艺文化的亮点是"菊偶人"，即以竹篾等物编成人形框架，然后插满菊花，扎成各类历史人物，摆出各种故事场景，争奇斗艳，栩栩如生。时至今日，每年的金秋季节的"菊偶人"展祭活动，依然吸引着成千上万的人前去观赏。日本各地每年也有菊展，展出内容也和中国相似，有标本菊、多头菊、大立菊、悬岩菊、塔菊、造型菊、盆景菊等。

与中国历代文人一样，日本的儒学者们也对菊文化形成阶段的标志性人物陶渊明深怀敬意。藤原惺窝（1561—1619年）有首咏黄菊的七绝："黄菊篱边日欲斜，秋光偏自满官家。唯今钓筑收贤辅，莫过西风隐逸花。"此诗表达了他对陶渊明东篱菊生活的向往。其弟子林罗山（1583—1657年）也有类似的咏菊诗歌："刘裕乾坤不在胸，孤舟轻飏水溶溶。陶然一醉重阳菊，归去犹存三径松。"其诗中对陶渊明的高洁之志给予高度的评价，并以松菊之高洁、坚贞写出作者的孤高情怀。不过话说回来，林罗山身为德川幕府的御用文人，在"方广寺钟铭事件"中（1614年）扮演了极不光彩的角色。为了构陷盘踞大阪的丰臣氏，林罗山竟硬说铭文中的"国家安康"是要将德川家康名字拆开身首异处。以此看来，此人敬佩陶渊明的气节，颇有叶公好龙之嫌。

另一方面，菊花传入日本的奈良时期正是唐风鼎盛之时。受到唐代文化的影响，日在重阳节（菊花节）这一天，皇太子率诸公卿臣僚到紫宸殿拜谒天皇，君臣共赏金菊、共饮菊酒。10月，天皇再设残菊宴，邀群臣为菊花饯行。重阳赏菊习俗一直为日本皇室沿袭，久而久之，中国菊花文化的君子人格和长寿吉祥等所指变异为日本皇室和国家符号的象征。明治维新后的1868年，日本的《太政官布告》第195号规定把菊花定为天皇的专用徽章。第二年的《太政官布告》进一步规定禁止皇族以外的其他人使用菊纹。自此以后，一般日本百姓不可使用刻有菊纹的饰章。具体而言，日本皇室的徽章就是十六花瓣的重瓣菊花，金黄色，呈放射状。除了皇室的徽章，日本警察厅的徽章、国会议员们胸前佩戴的徽章，以至于如今日本国护照封面上的图案竟都是菊花。二战末期，美国文化人类学家鲁思·本尼迪克特在其名著《菊花与刀》中，认为菊花象征着与所谓武士道精神（刀）相对的，温和、谦让、自尊的日本文化模式和民族性格，可见菊花在日本文化中的重要意义。

花开全球

当大航海时代将世界通过航路融为一个整体之后，菊花踏上了从东亚向全球的扩张之路。18世纪后期，荷兰人最先将菊花引进欧洲，花的颜色分别为淡红、白色、紫色、淡黄、粉红和紫红。1689年，荷兰作家白里尼发表《伟大的东方名花——菊花》一书，首次在欧洲歌颂中国的菊花。一个世纪后的1789年，法国马赛商人布朗卡尔（P. L. Blancard）从中国带回了3个菊花品种，花色分别为白色、紫罗兰色和玫瑰色。虽然前两个品种没有成活，但后一个不但成活，而且被迅速培育出大量的种苗并风行法国南部地区。从此之后，菊花成为可以在西方栽植的、极具观赏性的秋季花卉。

1804年，英国一些精干的园林艺术家成立了"伦敦园艺学会"。它们很快意识到菊花独特花期蕴藏的经济价值："原产中国或日本的菊花，除紫色的品种之外，都是新近引入的。它给众花凋零的秋日园林带来了璀璨的美,同时也使我们11—12月的温室仍然充满花卉的芬芳。因此,它特别值得园艺界人士的注意。"

于是,他们除想方设法培育新品种外,还派出植物猎人到中国引进新的菊花品种。早在鸦片战争之前,广东沿海较好的菊花品种几乎全被引进英国。光是在1821—1826年,植物猎人们就描述了不下68个中国菊花品种。

在这些觊觎中国菊花的植物猎人中,收获最大的还得算是英国植物学家福琼(R. Fortune)。此人于1843年来华前,伦敦园艺学会就给了他一份要他特别留心加以采集的植物清单。后来福琼果然"不负众望",从香港、厦门、福州、舟山、宁波、杭州、上海和苏州等地给欧洲引去了包括牡丹、芍药、山茶、银莲花、杜鹃、蔷薇、忍冬、铁线莲等190个种和变种园林植物和经济植物,其中菊花的品种也很多。最引人注意的是,福琼还从浙江的舟山群岛获得了一个菊种——舟山雏菊。起初,它在英国不受重视,但这种花传到法国后被认为不同寻常,在它被引进后不久,于1847年在法国大受欢迎。经西方园艺学家之手,后来培育出著名的菊花焰火(Pompoms)新品系。另外，英国的气候潮湿有风，很多中国菊花品种并不适应甚至不耐寒，于是英国的园艺师注重培育引种更适合英国气候的菊花。根据英国人的喜好，他们渐渐摒弃了中国原种蓬松硕大的菊花品种，转而培育了更为整齐小巧的品种，这些品种更适合英国人将其应用于花境。

美国的菊花是19世纪初由欧洲引入的。美国的菊花品种受日本的影响较大，杂交育种工作是史密斯（E.D.Smith）于1889年开始，他从杂交后代中命名了500多个新品种，一些至今仍在栽培。从此，这一中国名花遍植世界各地。可以说，没有其他任何一种花卉能像菊花这样具有如此别致的文化内涵，如此丰富的品种类群，如此多样的观赏特性，能在如此广大的地域种植。

与菊花原产地的情形类似，在欧美各国，菊花也形成了独特的文化象征意义。在土耳其，白菊代表诚，黄菊代表单相思，而紫菊则代表愤怒。在荷兰等欧洲国家，白菊代表真诚，红菊代爱情、最美好的希望和好运，黄菊代表脆弱的爱情。而美国作家，诺贝尔文学奖得主约翰·斯坦贝克（John Ernst Steinbeck, Jr.）写过一篇名为《菊花》的短篇小说，故事里的菊花成为女主人公的精神寄托及自我价值的象征。另一位20世纪英语文学的重要人物，英国作家大卫·赫伯特·劳伦斯（David Herbert Lawrence）的处女作即是名为《菊花香》的短篇小说。书中的菊花象征着在强大资产阶级工业文明面前脆弱而美好的婚姻与爱情。

大约从17世纪末开始，不少国家开始把菊花当作丧礼之花，用来祭奠逝者。这可能是当地自发产生的文化，也可能是受到日本文化对菊花认识的影响：在祭祖拜神时，日本人常用菊花摆放在墓碑或神像前，表达后代对先人的怀念之情。这种用途，与菊花原本在中国重阳节中所具有的祝福健康长寿的内涵显然大相径庭。但在某种意义上，这也说明，如今菊花魅力已超出了中国的疆界，这种神奇的美已为全世界人民所共享。

参考文献

《魔豆：大豆在美国的崛起》马修·罗思 商务印书馆 2023 年

《豆子的历史》肯·阿尔巴拉 译林出版社 2023 年

《沙漠与餐桌：食物在丝绸之路上的起源》罗伯特·N·斯宾格勒三世 社会科学文献出版社 2021 年

《一个单身赴任下级武士的江户日记：酒井伴四郎幕末食生活》青木直己 社会科学文献出版社 2019 年

《撼动世界史的植物》稻垣荣洋 接力出版社 2019 年

《拉面：食物里的日本史》顾若鹏 广西师范大学出版社 2019 年

《帝国的十字路口：从哥伦布到今天的加勒比史》卡丽·吉布森 社会科学文献出版社 2018 年

《中国栽培植物源流考》罗桂环 广东人民出版社 2018 年

《丝路小史：被世界改变，也改变着世界（海丝卷）》郭晔旻 浙江大学出版社 2018 年

《丝路小史：西进东出，不以山海为远（陆丝卷）》郭晔旻 浙江大学出版社 2018 年

《湖南新化紫鹊界梯田》白艳莹，闵庆文，左志锋 中国农业出版社 2017 年

《水果：一部图文史》（英）彼得·布拉克本-梅兹 商务印书馆 2017 年

《改变历史进程的 50 种植物》（英）比尔·劳斯 青岛出版社 2016 年

《人参帝国：清代人参的生产、消费与医疗》蒋竹山 浙江大学出版社 2015 年

《茶叶战争：茶叶与天朝的兴衰》周重林，太俊林 华中科技大学出版社 2015 年

《呦呦有蒿 屠呦呦与青蒿素》饶毅，张大庆，黎润红 中国科学技术出版社 2015 年

《中国——园林之母》威尔逊 广东科技出版社 2015 年

《茶马古道研究》蒋文中 云南人民出版社 2014 年

《菊花起源》陈俊愉 安徽科学技术出版社 2012 年

《路途漫漫丝貂情——明清东北亚丝绸之路研究》陈鹏 兰州大学出版社 2011 年

《中国稻作文化史》游修龄，曾雄生 上海人民出版社 2010 年

《中国的造纸术》潘吉星 中国国际广播出版社 2010 年

《日本饮食文化：历史与现实》徐静波 上海人民出版社 2009 年

《餐桌上的植物史》秦风古韵 东方出版社 2009 年

《走进茶树王国》沈培平 云南科学技术出版社 2008 年

《砂糖的世界史》（日）川北稔 百花文艺出版社 2007 年

《中国科学技术史 第 6 卷 生物学及相关技术 第 1 分册 植物学》李约瑟 科学出版社 2006 年

《古今农业史话》诸锡斌，李强，谢乾丰 云南科学技术出版社 2006 年

《近代西方识华生物史》罗桂环 山东教育出版社 2005 年

《改变世界的植物》（英）托比·马斯格雷夫，（英）威尔·马斯格雷夫 希望出版社 2005 年

《西藏地方经济史》陈崇凯 甘肃人民出版社 2005 年

《植物猎人》（英）托比·马斯格雷夫，（英）克里斯·加德纳（英）威尔·马斯格雷夫 希望出版社 2005 年

《瘟疫的文化史》余凤高 新星出版社 2005 年

《中国古代造纸工程技术史》王菊华 山西教育出版社 2005 年

《改变人类社会的二十种瘟疫》魏健 经济日报出版社 2003 年

《中国果树志·桃卷》汪祖华，庄恩及 中国林业出版社 2001 年

《中日饮食文化比较研究》贾蕙萱 北京大学出版社 1999 年

《菊花》熊济华 上海科学技术出版社 1998 年

《十五至十八世纪的物质文明、经济与资本主义》（法）费尔南·布罗代尔 生活·读书·新知三联书店 1997 年

《中俄茶叶贸易史》郭蕴深 黑龙江教育出版社 1995 年

《东北三宝经济简史》丛佩远 农业出版社 1987 年

《杜鹃花》黄茂如，强洪良 中国林业出版社 1984 年

《中国栽培植物发展史》李璠 科学出版社 1984 年

《造纸史话》《造纸史话》编写组 上海科学技术出版社 1983 年

《纺织史话》《纺织史话》编写组 上海科学技术出版社 1983 年

《果树史话》佟屏亚 农业出版社 1983 年

《农作物史话》佟屏亚 中国青年出版社 1979 年

《林罗山诗赋研究》李慧 湖南大学博士学位论文 2020 年

《作为功能物和情景物的啤酒》田沐禾 厦门大学博士学位论文 2019 年

《利用基因重测序和蛋白质含量探析栽培大麦的起源与驯化》王永刚 华中农业大学博士学位论文 2019 年

《韩国稻作文化及其变迁研究》裴恩皓 中央民族大学博士学位论文 2018 年

《栽培苹果起源、演化及驯化机理的基因组学研究》段乃彬 山东农业大学博士学位论文 2017 年

《美国在华作物采集活动研究（1898-1949）》刘琨 南京农业大学博士学位论文 2017 年

《中国水稻起源、驯化及传播研究》公婷婷 中央民族大学博士学位论文 2017 年

《桑属系统学研究》陈仁芳 华中农业大学博士学位论文 2010 年

《1793-1815 年英国军事医学的发展》韩少章 河北师范大学硕士学位论文 2023 年

《19 世纪末 20 世纪初饮食消费变迁研究》孟庆瑞 鲁东大学硕士学位论

文 2023 年

《东亚桃文化比较研究》项津津 陕西师范大学硕士学位论文 2021 年

《二战后泰国稻米产业史研究》陈爽薇 贵州师范大学硕士学位论文 2021 年

《17-18 世纪中国科学技术西传欧洲研究》张应燕 重庆师范大学硕士学位论文 2019 年

《桑的栽培演化与农耕文化及其资源利用》王立 仲恺农业工程学院硕士学位论文 2019 年

《中世纪晚期英国的饮食消费研究》王博文 东北师范大学硕士学位论文 2019 年

《中国菊文化在韩国的传播及影响》马雁 山东大学硕士学位论文 2015 年

《卫藏地区特色饮食与饮食习俗探析》扎桑 西藏大学硕士学位论文 2011 年

《论近代东北大豆贸易》于亚莉 吉林大学硕士学位论文 2006 年

《基于全基因组信息的"柑""橘"定义、分类与演化》徐强，黄跃，邓秀新 《中国科学：生命科学》2024 年第 3 期

《中国"橙"的丝路西传与对欧洲社会影响探析》朱禹函，马秀鹏，刘强强 《中国农史》2024 年第 1 期

《首次环球航行人船损失问题研究——纪念麦哲伦逝世和环球航行 500 周年》张箭，郑博仁 《黑龙江社会科学》2023 年第 6 期

《旧大陆甘蔗在新大陆的传播及蔗糖业的发展》张兰星 《古今农业》2023 年第 4 期

《苏格兰人为什么选择大麦蒸馏威士忌？》鲁寿 《休闲读品》2023 年第 1 期

《威士忌所用大麦的演变》鲁寿 《休闲读品》2023 年第 1 期

《中国菊花与世界园林交流应用研究》卢雨奇 《现代园艺》2022 年第 15 期

《柠檬：香气何来？》史军，刘春田 《科学世界》2022 年第 12 期

《马来西亚传统饮食：多元族群交融造就舌尖风华》介苗丁 《中国食品工业》2022 年第 10 期

《从植物引种驯化史轨迹探讨野生果树驯化与育种》黄宏文，邹帅宇，程春松 《植物遗传资源学报》2021 年 6 期

《大豆成为世界性作物的历程探析》石慧 《农业考古》2021 年第 6 期

《一张苎麻纸 记录世界文明发展史》王春根，王丹青 《赣商》2020 年第 8 期

《浅谈台湾奶茶文化的三十年变迁》李欣童 《传播力研究》，2020 年第 14 期

《中国蚕桑技术传入美洲的历程与影响》杨虎，曹慧玲 《中国农史》2020 年第 4 期

《日本中世的食物赠答文化》胡亮 《北华大学学报（社会科学版）》2020 年第 2 期

《裸粒大麦——青稞的起源之说》增饶强 《粮食科技与经济》2020 年第 2 期

《维生素 C 的历史——从征服"海上凶神"到诺贝尔奖》刘斌，杨金月，田笑丛，马海凤，高卫 《大学化学》2019 年第 8 期

《猕猴桃 学成归来的中土野果》史军 《文明》2019 年第 6 期

《江户时期日本的人参消费热潮与东亚共通医药文化背景》童德琴，田文 《中国文化论衡》2019 年第 1 期

《中国是人参宗主国——中国古代高丽参非现代高丽参》孙卫东 《人参研究》2018 年第 1 期

《普洱茶与滇藏间茶马古道的兴盛》方铁 方悦萌《中国历史地理论丛》2018 年第 1 期

《土里生山里长 苹果"祖先"在新疆》王方 《农村农业农民（下半月）》2017 年第 9 期

《哥德堡号中国之旅——中瑞"海上丝绸之路"史话》容子 《档案春秋》2017 年第 4 期

《论植物意象"苹果"在西方文化中的象征意义》雷雨露 《晋城职业技术学院学报》2017 年第 4 期

《"一带一路"视域下栽培大豆的起源和传播》刘启振 张小玉 王思明 《中国野生植物资源》2017 年第 3 期

《中俄青（米）砖茶贸易论析》陶德臣 《中国社会经济史研究》2017 年第 3 期

《青蒿素发现历程的介绍与再认识》徐国恒 《生物学通报》2016 年第 3 期

《江南与华北传统麦作技术的比较分析——以民国时期为中心的探讨》王加华

《古今农业》2016年第2期

《中药青蒿、黄花蒿与青蒿素》张立军 卢颖《农村青少年科学探究》2015年第12期

《稻米在北美大陆的栽培及传播》张兰星 《华南农业大学学报（社会科学版）》2015年第4期

《中国苎麻的起源、分布与栽培利用史》朱睿 杨飞 周波 李熠 林娜 《中国农学通报》2014年第12期

《甘蔗的起源和进化》杨翠凤 杨丽涛 李杨瑞 《南方农业学报》2014年第10期

《稻文化的再思考3：稻与社稷——印度、泰国等东南亚、南亚主要国家》庞乾林 林海 王志刚 《中国稻米》2014年第1期

《猕猴桃异名考》王建莉 杨柳 《广播电视大学学报（哲学社会科学版）》2013年第2期

《菊花的起源与品种形成研究》谭远军 高瞻 陈丽丽 《安徽农学通报（上半月刊）》2012年21期

《浅议日本的桃信仰》方志娟 《商业文化》2011年第6X期

《清朝北方民族赏乌绫与东北亚丝绸之路》朱立春 《广东技术师范学院学报》2010年第10期

《英国的"杜鹃花之王"乔治·福雷斯特》林佳莎 包志毅 《北方园艺》2008年第8期

《试析菊花与日本文化的关系》张佳梅 《科技信息（科学教研）》2007年第15期

《猕猴桃产业演化发展探析》姜转宏 《西北农林科技大学学报（社会科学版）》2007年第2期

《杜鹃花的追求——西方采集者素描》耿玉英 《植物杂志》2001年第2-3期

《杜鹃花之路》耿玉英 《植物杂志》1999年第2期

《20世纪初中国的大豆出口与各国市场》胡赤军 东北师大学报（哲学社会科学版）1996年第2期

《茶叶、白银和鸦片：1750-1840年中西贸易结构》庄国土 《中国经济史研究》
  1995年第3期
《人参小考》陈修源 《江西中医药》1992年第3期
《桃树琐谈》吕培炎 王建皓 《云南林业调查规划》1988年 第2期
《温州蜜柑起源考（综述）》徐建国 《浙江柑桔》1987年 第1期
《关于中国的甘蔗栽培和制糖史》彭世奖 《自然科学史研究》1985年第3期
《桑树栽培技术的传出与中外交流》韩辉 《中国生物学史暨农学史学术讨论会论文集》2003年
《发挥产业优势 巴西甘蔗制醇减排贡献大》邓国庆 《科技日报》2021年11月5日

此外，在本书的写作过程中，作者还参阅了大量前辈、名家和诸多老师、学长的文章，限于篇幅，无法一一列出，在此谨向各位前辈、师长表示诚挚的感谢。

图书在版编目（CIP）数据

改变世界的中国植物 / 郭晔旻著. -- 杭州：浙江大学出版社, 2025.9. -- ISBN 978-7-308-26506-5

Ⅰ．Q94

中国国家版本馆CIP数据核字第2025TT7129号

改变世界的中国植物

GAIBIAN SHIJIE DE ZHONGGUO ZHIWU

郭晔旻　著

责任编辑	张　婷
责任校对	张一弛
封面设计	violet
出版发行	浙江大学出版社
	（杭州市天目山路148号　邮政编码310007）
	（网址：http://www.zjupress.com）
排　　版	杭州林智广告有限公司
印　　刷	杭州钱江彩色印务有限公司
开　　本	880mm×1230mm　1/32
印　　张	11.125
字　　数	173千
版 印 次	2025年9月第1版　2025年9月第1次印刷
书　　号	ISBN 978-7-308-26506-5
定　　价	79.00元

版权所有　侵权必究　印装差错　负责调换

浙江大学出版社市场运营中心联系方式：0571-88925591；http://zjdxcbs.tmall.com